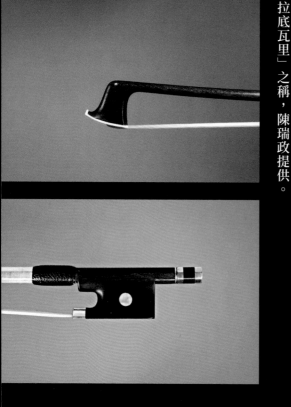

法朗梭‧圖特（François Xavier Tourte）1785 至 1790 年全盛時期小提琴弓。圖特使現代琴弓臻於完美，有「琴弓的史特拉底瓦里」之稱，陳瑞政提供。

雅各‧尤利（Jacob Eury）1830 年製小提琴弓。尤利手藝精細，常與圖特並列，為小提琴天才帕格尼尼所愛用，陳瑞政提供。

多米尼克・佩卡特（*Dominique Peccatte*）1847 年製小提琴弓。佩卡特特琴弓強而有力，兼具音色與靈敏，弓尖輪廓為史上最多人模仿，陳瑞政提供。

The Art of Solo Strings
Violin Bow

琴弓的藝術

全新增訂版

平 / 鄭亞拿————著

提琴收藏大師教你看懂琴弓的價值！
好的琴弓有精鍊音響的效果，提琴的發音透過琴弓而美化，演奏者運弓如魚得水，隨心所欲。
心手一致，弓手一體，渾然忘我，也幾乎忘了弓的存在，這才是演奏的意境。

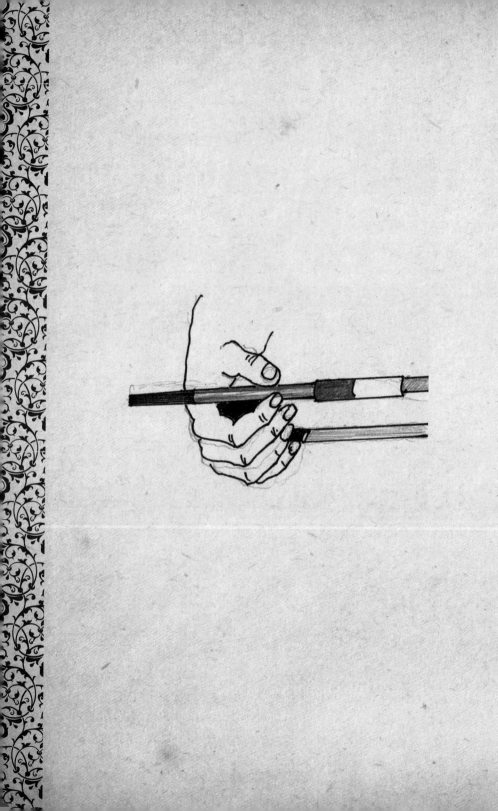

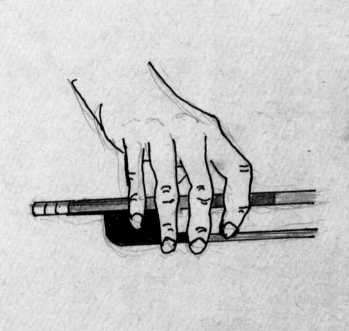

Content ══════ 目錄

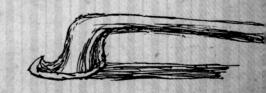

Chapter 7　那些琴弓的故事

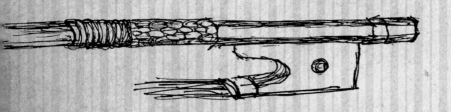

自序

很久以前，我的提琴啟蒙老師就告訴我，好的琴弓會適當地貼合在弦上，不會扼殺聲音，即使過份運弓的壓力，也會被弓桿所吸收。當時我雖無法體會琴弓精微之異，但琴弓藝術的神奇一直深烙在我腦海裡。

拜師學藝時，老師的第一句話就是：「你眼睛好不好啊？」

這句話有兩層涵意，一是極小缺點也看得出的眼力，另一是美感的視覺。美學的眼力是一種藝術素質，我也是經過多年才領悟其中的奧秘，進而發展出美感的敏銳眼光。

當我們平心靜氣虔誠地以眼觀弓，以弓觀心，摸撫著流線修長的弓桿，光滑幾無毛孔的表皮。其中，弓尖是最令人著迷的，每次都讓我看得入

迷，雖然看似同樣造型，其實每支弓都有不同的面貌，就像每個人的面孔，都是不一樣的。若專注望著弓尖，弓尖就突然躍出了生命，可發現它的精神，我原先喜歡靈敏銳利的弓尖，後來發現簡素質樸的風格也不錯，低調平凡另有風貌。

細品琴弓的美學，發現竟是如此充滿禪意，欣賞琴弓時要用內心審視，像宗教般地虔誠。要做出一支好弓，首先要修身養性，培養精密的自我要求及追求完美的態度。一支弓的製作融入了製弓師的精神，如職人對工藝以宗教儀式般的專注，將神韻與生命注入作品。除了眼到之外，還要具備手到的工藝技能，再加上藝術家敏銳的巧思，賦以琴弓美學上的造形風格。若能如此，一支琴弓不只是工藝品，而是一件藝術品，是具有生命的。

琴弓的知識浩瀚，市面始終沒有一本華文的琴弓專業書籍，頂多是提琴書裡的一小篇章。而歐美雖有外文琴弓方面的書，但大多係琴弓製作歷史與製弓師介紹，而對於琴弓結構、評鑑與保養等方面，仍然未能週全。其實我們動心買弓之前，宜先瞭解琴弓的結構、製造、保養及製弓家背景等，概念遠比議價更為重要。

琴弓的知識看似簡單，卻又困難。我曾在網上 Amazon 及 ebay 搜羅所能找到的琴弓書籍，也研讀二十幾年來《Strad》雜誌上所有的琴弓文獻。為了增進實務所需，我曾赴中國大陸拜名師陳龍根先生學習琴弓製造，也擔任過琴弓維修師，並且遠赴歐

洲參訪多座樂器博物館與製弓名家。待我陸續完成《提琴的祕密》、《提琴之愛》與《提琴工作室裡的樂章》三書之後，琴弓研究的架構才逐漸成形，醞釀長達十年之久。

世上各國製琴的書多，製弓的書少；製琴的人多，製弓的人少。很幸運地，我在這些年中結識了幾位履在國際得獎的大師，並且參訪他們的製弓心得。

得過國際製弓比賽十次金獎的名家葛樹聲，認為製弓最重要的是創意與工藝，而最基本的工藝是弓尖、弧度與弓桿粗細的流暢，傳統的形象必須保持，最後才加上一點點的創意。他認為各種罕見材料的做法只是花俏，而從不採用。同樣多次獲獎的馬榮弟，則認為琴弓製造是精

密度的要求，精密度需要眼力，對百分之一毫米的差距要有敏銳度，看得出其精妙之處，並認知其美醜。馬榮弟以藝術品的理念來作弓，所以喜歡尋找各式特殊材料，以製造不同風格材料的琴弓。我的製弓老師是得獎無數的陳龍根，他的眼力極佳，能看出精微之處與細膩美感，再加上持之以恒，所以做出極其精美的弓，也喜歡極簡風格之弓，不多做額外贅飾。

其實好的琴弓不僅弓桿堅致好握，而且有精練音響的效果，提琴的發音透過琴弓而美化，滿足聆賞者的聽覺。因弓桿弧度、粗細、重心平衡的因素，使演奏者運弓如魚得水，隨心所欲，無視琴弓的存在，完全浸淫在音樂表現上。這種物理性與機械原理正是我等理工背景者深感興趣的

地方，也是本書所欲探討的重點。希望我的研
究成果，能夠提昇提琴演奏者與愛樂者的琴弓
知識，有助於其演奏選購。

　　本書的撰寫是與留學德國研究音樂學的鄭
亞拿老師所共同完成。此外要感謝陳龍根先生
的指導、陳瑞政工作室提供所藏名弓、音樂家
周春祥先生提供所藏名弓的拍攝、歐德樂器公
司葉約亞先生的推介，以及華滋出版社許總編
的編輯出版。

莊仲平

　　從小在愛好古典樂的家庭成長，自幼習琴便成爲自然而然的事，提琴也伴隨我渡過人生的許多時光。提琴之於我，是能夠歌唱美妙心弦的樂器，琴弓則有如搭配提琴的伴侶，賦予提琴聲響及音色變換，看似配角，又令人難以忽視它的存在。有人說，提琴音樂演奏的三要素乃技巧、提琴及琴弓，琴弓雖不是發聲體，但影響著樂器本身的音量與音色。

　　自小按步就班勤練各式弓法，我深深體會，琴弓的彈性、比重及握持種種因素於拉奏時的影響。其實每支琴弓都有其個別特性，同一提琴在不同琴弓的搭配下，竟可產生迥異的演奏效果，其差別之大，顯示琴弓本身的份量，自有奧秘。海飛茲就曾經說過：「弓在演奏上往往比琴還重要。」所以有些提琴家上台經常使用不同的琴，卻堅持搭配同一支弓，也就不足為奇了。

　　琴弓的結構、零件功能及物理機制，令人讚嘆琴弓是完美的科學產物——物理與美學相結合的極致。對於音樂家來說，這些知識也裨益演奏、保養與選購。優良的琴弓有幾個基本條件，例如弓桿較直、抗彎強度好、富有彈性、適當的強硬與韌度、重量合宜、理想的重量分佈、平衡點位置適中、操作靈活、經久耐用及工藝精美等。除了以上的實用條件，琴弓價值還有多方的考量，例如歷史性、藝術性、名家傑作及可奏性等因素，可說琴弓的選用是非常個人屬性。

　　由於提琴樂曲的演進，從舞會伴奏到奏鳴曲、協奏曲，提琴演奏技巧的進化，從長短音到快奏、跳弓、抖音等，都與弓桿設計的改良息息相關。琴弓的發展從原始半圓弧形到反彎弧度，經過漫長的演進，如今的圖特現代弓的設計已臻完美階段。

　　好的琴弓可立即反應音樂家的情緒，又能精鍊樂器所發出的音響，宛若手臂的延伸，琴弓和肌肉及神經聯繫緊密，操作起來隨心所欲。琴弓在手，心手一致，弓手一體，渾然忘我，也幾乎忘了弓的存在，這便是演奏的意境。因此歷來持弓法的改變，便是因應琴弓型態及演奏技巧所需。

　　因而，每位偉大的小提琴演奏家，也都有獨特的持弓方式，每個人的手臂、肌肉及手指，各有不同的形態與比例。例如姚阿幸以手指並攏淺持弓桿，不去控制尾庫。易沙意則相反，手指接近尾庫，同時掌握著弓桿和尾庫，但食指搭在弓桿上，保持靈

活。大師海飛茲高舉上臂，透過手臂的重量提高弓壓，卻也不致影響其音色，無礙地奏出技巧高超的悠揚樂章。這些大師們的稟賦和氣質各有不同，他們都按自身特質，發出動人的樂音。

在歐洲留學期間，巴黎樂器博物館、維也納藝術史博物館及克雷蒙納提琴博物館裡豐富而有系統的名琴收藏，予我極為深刻的印象，促使我踏入古樂器的研究，開始對古提琴的雋永之美，有更深度的認識，同時也對於各時代的琴弓演進，有進一步具體的心得，進而將琴弓的製作認定為藝術的層次。

其實琴弓本來就符合做為藝術品的特質，弓面漆色滋潤柔和，如薄脂包覆，其色澤古樸，弓面撫之如絹，整體素靜典雅，

尚未試奏，光是造型上的美感，即令人深深為之著迷。

若以樂器收藏的角度來看，世上最頂級的琴弓，從圖特、佩卡特至沙托里以降的作品都不難尋覓，畢竟圖特迄今僅二百年餘，法國名琴仍然在役，價位可及。然而要是當今世上最頂級的名琴，如史特拉底瓦里、瓜奈里或阿瑪蒂之流，則令我望塵莫及，除了它的天價，也屬限量的珍稀。史特拉底瓦里提琴迄今逾四百年，留存可用的好琴已不多見，許多藏家知悉這點，早轉向蒐尋名家琴弓。同樣地，許多琴商也開始專注於琴弓的業務，在國際樂器展上在所多見。擁有一支世上頂級名弓是令人豔羨的，對於平日的提琴演奏亦有極大助益。因此收藏名弓的代價雖然所費不貲，這確是值得我們認識、

欣賞並進一步擁有的藝術品。

如今名弓愈來愈被重視與搜尋，演奏家追求名家老弓，以幫助他們創造更優美的音色。而投資者也看中其投資價值，因此近年來市場熱度大增，價格增幅比提琴還要高。也因名弓的價格高昂又為人所企求，對於相關的知識涵養，便要先於一切。

而這些知識涵養，遠比議價更為重要，諸如琴弓的歷史、結構功能、製造、保養及製弓師經歷等等，一一具備也才能培養慧眼。本書也擇要介紹具市場行情的法國、英國、德國及中國製弓師，瞭解他們的製弓經歷，認識他們琴弓的特色與價值，因為有了這些不可不知的故事及不能不懂的知識，才成就鑑賞這些非凡「弓藝品」的永恆眼光。

鄭亞拿

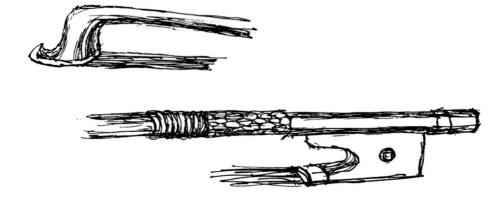

Chapter 1　　　　　　　　琴弓的歷史

琴弓的起源

千百萬年來，自然界的昆蟲即知磨擦發聲，蚱蜢以後腳磨擦翅膀，蟋蟀以雙翅相擦發出連續聲響。至於遠古人類，文獻最早的弓弦樂器記載，是印度雅利安古籍提到五千年前錫蘭國王拉瓦那（Ravana）所發明以弓擦弦的樂器「拉瓦那斯特隆」（Ravanastron）。我們不清楚這種樂器的型態，但是琴弓極可能是半弧形的箭弓狀，因為西元八百年的琴弓，甚至在現今中亞及非洲地區，仍有箭弓狀的樂器。無論如何，弓弦樂器源於東方無庸置疑，而且廣泛而普遍使用的。

波斯人使用最原始的彎弓。

拉瓦那斯特隆後來傳入阿富汗及波斯，在西元一世紀之初，即阿富汗大月氏王國時代，其形態演變為琵琶狀。此琵琶形的弓弦樂器再傳入阿拉伯，約為七世紀時。不過西方文明之源的古希臘羅馬，卻沒有使用弓弦樂器的記載，雖然他們征服的領地遠達中東、中亞與印度，也見識到東方的弓弦樂器，但彼時並未引進，可能這種東方奇特的音調，並不合西洋人的品味。他們那時代喜愛的是豎琴、抱琴與魯特琴等音質細膩的撥弦音色。

隨著穆斯林勢力的西進，約西元八世紀，摩爾人在西班牙半島建立回教亞拉岡王朝，阿拉伯的弓弦樂器才傳入西班牙，稱為「雷貝克琴」（rebec 或 rebeca），在同一時期，也傳入希臘、東歐及義大利等地。

弓弦樂器自傳入歐洲，十一世紀起開始有極大的改良。十六世紀中葉現代提琴誕生，在巴哈時代（1685-1750），也就是巴洛克時代，流行於日耳曼地區的琴弓仍是古老的外突弓桿。

而法國在 1620 年就已出現直桿又靈活的美桑那弓（Mersenne），所以此時歐洲並存著這兩種型態的琴弓。在巴洛克時代，包括巴哈、韓德爾、史梅哲（Johann Heinrich Schmelzer）和泰勒曼的音樂，後來趨向旋律快速複雜的單音旋律，必須使用直弓才足以操控。直到十八世紀中晚期，完美的琴弓才發展出來，達到製作精良兼具藝術性的境界。

至於文明甚早的中國，早有二胡、南胡等弓弦樂器，但也來

自中亞。宋代（西元 1200 年）沈括的《夢溪筆談》裡記載著一種馬尾胡琴：「馬尾胡琴隨漢車，曲聲猶自怨單于。」此處已明確地指出馬尾胡琴源自於西域，它是以馬尾做的弓，擦弦發聲。

十六世紀提琴產業剛開始發展時，琴弓未受重視，製琴家賣琴時，弓與琴盒被當作配件來搭售，並不講究品質。兩百多年來，弓如同松香和肩墊一般。

也由此可知，為何從前製琴師兼差製造琴弓。

製弓被當成一項獨立的專業，咸信是從法朗梭・圖特之兄李奧納多・圖特（Nicolas Léonard Tourte）所開始的，在他之前，未曾聽聞有製弓師的存在。似乎早期琴弓的發展遠落後

於提琴，而且作者隱姓埋名，從不貼上標籤。從前我們不確定琴弓是製琴家兼造，或另有專業製弓家。直到在史特拉底瓦里遺物中發現琴弓設計圖，才使人明白，十八世紀的史特拉底瓦里也同時製造琴弓。雖然他的提琴貼有標籤，但是他的琴弓並沒有任何署名。英國希爾公司曾經收藏兩支史特拉底瓦里所製琴弓，為世上唯二被認定由他本人所親造的真品帶槽蛇根木的巴洛克弓。

琴弓的發展最早由狀如半弧形的箭弓，後來彎度愈來愈平，長度愈變愈長。弓根綁弓毛的尾庫由固定位置，發展為可滑動調整，弓毛的張力由姆指控制改為精密的螺絲調整。十六世紀美洲的木材進口到歐洲，開始用於琴弓，巴洛克弓使用蛇根木，而圖特則選用了更為理想的柏南布

科木（Pernambuco）。此時在
琴弓美學大有進化，弓桿的流線
型、弓尖及尾庫造型的美化，及
金銀、貝殼等材料的裝飾，使琴
弓成為優雅的藝術品，在十八世
紀末的法蘭梭‧圖特手上達到完
美而無可超越的境界。

琴弓改良伴隨提琴的發展
而來，當提琴樂器表現到相當精
密的地步，隨著提琴演奏技術不
斷地發展，音樂家遂開始感受琴
弓的重要性，而逐步提高對弓的
要求。當時即有人說，琴弓是提
琴的靈魂，此後琴弓隨需求而改
良，琴弓經歷漫長的歲月，才從
簡陋的式樣逐漸演變成今日的現
代弓。

世上琴弓以法國、英國、
德國所製較有名氣。一般來說，
法國學派線條優雅，操作靈敏，

十一世紀手繪稿中的琴弓。

十二至十三世紀的琴弓，都柏林詩篇手稿
中的大衛王。

十三世紀手繪稿中的琴弓。

十六世紀的琴弓，Bernardino Lanino 繪。

十五世紀初的琴弓，1417 年，波希米亞
地區聖經手稿繪本。

十七世紀中葉琴弓，1635 年，Judith
Layster 繪。

德國學派弓桿堅硬，講求結實耐用，而英國學派居中。在價格上，法國弓最貴，其次是英國弓，而德國弓價格低廉。當然這並不是絕對的，要以製弓家的名氣而定，德國的鮑許（Bausch）、普雷取奈（Pfretzschner）及紐貝格爾（Nürnberger）是世界名弓，也屬高價。

十八世紀中葉前，製琴師琴兼做琴弓，會在提琴內貼上名牌，但琴弓上並沒有署名。直到十八世紀中葉，開始有人為琴弓烙標籤。現存世上最早有標籤的是一支署名杜全（DUCHAINE）的弓，杜全於1750至1760年間在密爾古工作，其餘資料不詳。另一支很早有標籤的弓是「TOURTE. L, AUX 15 VINGT」，為克拉默式的弓，係圖特之兄，李奧納多·圖特在

1768至1777年間所製。

十九世紀時，提琴製造大師逐漸凋零，而製弓技術日新月異，製弓名師輩出。

琴弓的演進

弓弦樂器進入歐洲後，由聖經的插圖、版畫、油畫及雕塑等可見各時代琴弓的樣式。十七世紀之後有實物遺留，更可確知其演進。我們發現1600至1750年間巴洛克時代，是琴弓快速演進的時期，這期間的弓都可稱「巴洛克弓」。彼時琴弓的製造者仍然匿名，到了1750年，才開始出現以作者為名的商標。

美桑那弓（Mersenne）1620

美桑那弓出現於1620年左右，最早以尾庫綁弓毛，係固定式尾庫。弓尖造型線條流

22

暢，有如箭頭。美桑那（Marin Mersenne, 1588-1648）是法國樂理家與數學家，被尊為「聲響之父」。

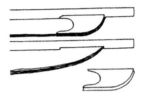

十七世紀巴洛克弓嵌入式尾庫。

巴桑尼弓（Bassani）1680

巴桑尼弓出現於 1680 年左右，在弓桿尾部有一齒條，可移動的尾庫以鉤子卡在齒上，藉以調整弓毛的張力。巴桑尼（Giovanni Battista Bassani, 1647-1716）是義大利帕都瓦的作曲家及小提琴演奏家，才華洋溢，弓法造詣甚高，有學者推論，他應為科瑞里之師。

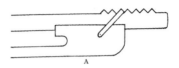

十七世紀末可調整弓毛張力的齒條式尾庫。

柯瑞里弓（Corelli）1700

柯瑞里（Arcangelo Corelli, 1653-1713）是音樂史上第一個專業的小提琴演奏家，首次嘗試以小提琴奏出饒富歌唱般音樂的可能，確立了小提琴的獨奏地位，而被稱為「小提琴奏鳴曲之父」。1700 年間，他所指導設計的琴弓以他命名。琴弓發展自柯瑞里弓起，弓匠配合音樂家的實際演奏需求，加以調整改良。

柯瑞里弓為巴洛克弓的典型代表，這種弓較巴桑尼弓長，弓桿較為平直，尚屬外凸型。最好的巴洛克弓使用蛇根木，來自南

美亞馬遜流域，木紋黑白相間，質地甚為堅韌。為了減輕重量及美觀，桿身有縱槽溝，其弓尖造型線條優美，下彎而尖如天鵝喙。尾庫卡在弓根的位置，並以弓毛緊壓。

巴洛克弓長度在 1730 年後更為加長，所以有巴洛克短弓及長弓兩種款式，當時巴哈父親所使用的，即為短弓。

義大利音樂家柯瑞里（Arcangelo Corelli），巴洛克弓亦以他為名。

塔替尼弓（Tartini）1740

塔替尼（Giuseppe Tartini, 1692-1770）是義大利天才小提琴家，曾經擔任宮廷樂師，為樂隊第一小提琴手及指揮。他寫過數百首曲子，其中最有名的，便是《魔鬼的顫音》小提琴奏鳴曲。塔替尼非常重視弓法訓練，他認為運弓應具備生動的感覺，要帶有歌唱性，他的名言即是：「唯有歌唱優美的人，才能夠奏出好的小提琴音樂。」

塔替尼研究運弓技巧，1750 年出版《弓法的藝術》（L'arte del arco）變奏曲集，闡述弓法與指法的藝術，以不同運弓技巧，表現出不同的變奏，曾經被翻譯成各國語文，至今仍被視為習琴教本。

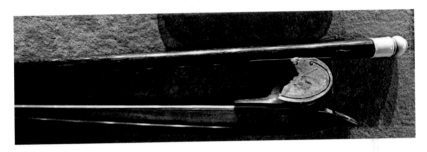

十八世紀史特拉底瓦里所製之弓，克雷蒙納博物館藏。

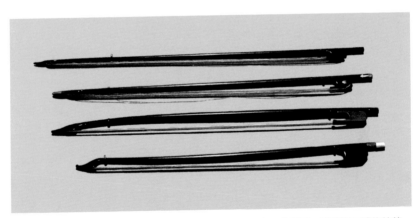

琴弓的演進，由圖中第三、四琴弓，可見十七、十八世紀弓尖差異，巴黎樂器博物館藏。

塔替尼不只對提琴演奏技術有所貢獻，對琴弓構造亦有所改良，史上稱之為「塔替尼弓」。他把科瑞里弓桿加長，以發揮更多的技巧，往後弓桿即一直保持在這個長度。塔替尼在弓桿上刻了兩道直線深溝，以便握弓。他使用較高的弓尖，使弓桿拉直卻不會與弓毛碰撞，弓桿直挺而不外凸，並且減輕弓尖，使運弓演奏的靈活度提高，發揮更多的演奏技巧。

塔替尼弓屬於巴洛克弓，跟現代弓相較，弓毛較少，約有八十至一百根，拉奏時反應稍慢，重量輕軟，聲音顯弱。塔替尼弓基本上已經十分接近現代琴弓，1760 年後，增加了弓根的調整螺絲，可細微地調整弓毛拉力或放鬆弓毛，延長弓桿彈性壽命，但此機械的原始發明者不詳。

克拉默弓（Cramer）1770

克拉默弓是以音樂家克拉默（Wilhelm Cramer, 1746-1799）命名的弓，克拉默在當時有甚高的聲望，他經常使用這種琴弓。克拉默弓首度將弓桿反向彎曲，弧度稍平，弓桿較具抗彎性。弓尖加高，使弓毛不致碰到弓桿，弓尖的重量增加，有助於平衡性。運弓時靈活隨意，觸弦性佳，可如歌似地演奏。

於尾庫具備移動式的螺旋調整裝置，與弓桿接觸面改良成三個面，使尾庫平穩。小白片貼在弓尖，此時也開始有人使用柏南布科木製弓。反向彎曲的弓桿，代表著琴弓的現代化驅式。克拉默弓流行於1770 至 1790 年之間，被歸為過渡時期的弓，所謂過渡時期，意思是朝向圖特弓發展，具有現代弓的雛型。依照最新研

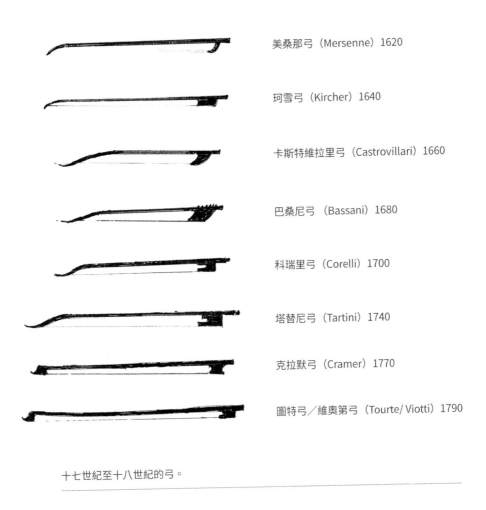

美桑那弓（Mersenne）1620

珂雪弓（Kircher）1640

卡斯特維拉里弓（Castrovillari）1660

巴桑尼弓（Bassani）1680

科瑞里弓（Corelli）1700

塔替尼弓（Tartini）1740

克拉默弓（Cramer）1770

圖特弓／維奧第弓（Tourte/ Viotti）1790

十七世紀至十八世紀的弓。

究，這應該是李奧納多‧圖特參考克拉默的意見所造。

圖特弓／維奧第弓
（Tourte/Viotti）1790

圖特弓或維奧第弓是法國製弓師法朗梭‧圖特（François Xavier Tourte, 1747-1835）與義大利音樂家維奧第所合作研發的弓。

義大利小提琴家維奧第（Giovanni Battista Viotti, 1755-1824）被稱為「現代提琴演奏之父」，是當時歐洲最具影響力的小提琴家。維奧第是首位讓巴黎與倫敦聽眾見識史特拉底瓦里琴音的演奏家，它傑出的音色與表現對聽眾而言，是全新的感受。維奧第宣稱「小提琴的關鍵在

弓」，因為他所作樂曲與創新的演奏技巧，需要更先進的琴弓才能充分發揮，而巴洛克弓無法提供所需彈力與連續跳弓，來演奏現代音樂。

據說維奧第經常蒞臨法朗梭‧圖特的製弓工作室，與圖特一起研究琴弓的設計。他提供實際的演奏經驗來要求琴弓的控制、力道及型態等功能，相信改良舊弓將更能發揮史特拉底瓦里提琴的潛力。自此琴弓終於達到完善境界，與完美的提琴能細緻地交互作用，發出美好的音律。

維奧第把圖特的弓演奏得出神入化，因此同時代許多小提琴家爭相想要使用圖特弓來演奏。由於圖特弓的優異演奏特性，使

史特拉底瓦里使用的琴弓尾庫模板，克雷蒙納博物館藏。

得整個十九世紀的演奏家更能把
技巧發揮地淋漓盡致。但自圖特
之後，琴弓的基本結構已幾無改
進空間。在他之後，琴弓的演變
被視為是改良，而非創新。雖然
也有人提出一些修改的發明，但
都無法再超越圖特弓。

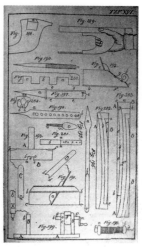

1828 年製弓書上的插圖。

特殊弓的誕生

碳纖弓

　　因為弓桿材料柏南布科木的珍貴難得，很早就有人研究其他替代材料，之前有人試過中空鐵管、石墨、玻璃纖維及碳纖，其中以碳纖材料最為成功。

　　碳纖弓是 1985 年所研發出來的合成料琴弓，質量堅致，能製成適當弧度、重量及彈性，模仿最好的木弓。其內部中空，可製成纖細輕巧的琴弓。碳纖弓堅硬反應快，可重擊而不裂，適合用來演奏強音，供音樂家自在地探索音色及技巧。它堅韌耐用，又能抵抗濕度與氣壓便化，最是方便旅行演奏。有人進一步發明

碳纖弓是合成料琴弓，質量堅致，能模仿最好的木弓。

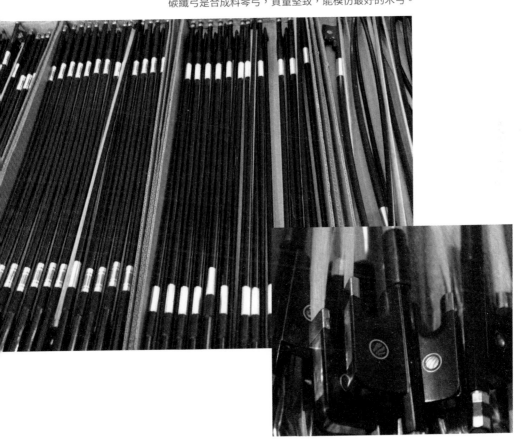

碳纖弓內部中空，反應輕巧靈敏，適合用來演奏強音。

碳纖弓外包真木皮，外表及觸感與木桿幾無差異，以肉眼極其難辨。

碳纖弓有很低的震波阻尼（減震）能力，所以振動反應迅速，音響比木弓乾淨清晰，但泛音沒有木弓豐富。因此有人嫌其缺乏音色變化，因為音色是音樂的要素。也有人認為它反應快，適用演奏爵士樂。很多人說碳纖弓類似塑膠之物的實用品，不像木料典範，是給初學者用的。

如今碳纖弓已愈來愈普及，音樂界也有許多演奏家使用，包括有名氣的行家。傳統珍貴的柏南布科木的減量、漲價，及碳纖弓的改良，促使碳纖弓逐漸有利。以功能及價格來說，碳纖弓是所有改良弓中成功，並值得繼續改進的種類。但在典藏價值

上，碳纖弓畢竟是工業產品，可大量生產，缺乏柏南布科木的珍貴性與師傅手工的藝術性。

巴哈彎弓

巴哈彎弓的緣起與發展

巴哈彎弓的研製，是琴弓改革上少數的亮點。由於長期以來有多位知名音樂家的努力，履次在演奏會上以巴哈彎弓演出，甚至灌錄唱片，獲得相當成果，所以值得認識。從另一個角度來說，巴哈彎弓其實是個美麗的錯誤。

眾所周知，音樂之父巴哈習於運用大量的和弦，他認為這是提琴樂曲之必要。巴哈音樂中有許多和弦，在六首無伴奏小提琴奏鳴曲及組曲中，有許多三及四和弦。尤其第二組曲中的夏康舞曲，幾乎包含小提琴獨奏的所有

德國米騰瓦製琴小鎮的壁畫，可見日爾曼古代弓型。

演奏技巧，囊括大量的和弦。這首夏康舞曲多達二十九段變奏，經常獨立於組曲，被單獨挑出來演奏，對於演奏家的技巧與音樂表達來說，具有相當的挑戰性。

因為提琴的四弦不為平面，對應於指板的弧度成高低不平。而現代弓弓桿的弓毛緊繃，無法同時接觸三弦或四弦，來產生複音。現代弓無法依巴哈樂譜演奏三和弦及四和弦。演奏家碰到這種複音樂曲，只能權宜採用琶音或分解和弦，但造成和弦間隙而欠缺連貫。

但在巴哈時代（1685-1750），通行於日耳曼地區的琴弓仍是古老的外突彎弓，雖然巴洛克時代法國與義大利已出現直桿，那時歐洲並存著直桿與半圓彎曲兩型態的弓。這種日耳曼琴弓的弓毛鬆軟，適合演奏巴洛克時代的複音音樂。更有人認為巴洛克時代德國作曲家的作品，就要用日耳曼彎弓來演奏，才能表現音樂的精髓。

巴哈彎弓的美麗誤解

前人以樂曲的結構推論，巴哈弦樂曲中和弦可能是使用古代彎弓演奏，但以巴哈活躍的年代考據，彼時已是科瑞里巴洛克弓的時代。科瑞里弓較為平直，運弓上優於古代外突的彎弓。科瑞里弓當時已盛行於義大利與法國，巴哈不可能沒見識過這種較為先進的琴弓。他雖然譜寫科瑞里弓所難以觸及的三音、四音和弦，應該允許和弦分解的方式拉奏，相信這是無傷大雅的。

威嘉巴哈弓

為了忠於巴哈音樂創作的理

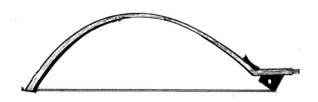

巴哈彎弓的研製，是琴弓改革上少數的亮點。

念，獲得諾貝爾和平獎的史懷哲
（Albert Schweitzer） 在 1908
年的巴哈音樂研究論文中曾經疾
呼，必須忠實和弦的演奏，而非
分解和弦演奏法，不容許巴哈的
藝術被打折。1954 年史懷哲與小
提琴家泰曼宜（Emil Telmanyi）
及製琴家威斯特高（Knud
Vestergaard）合作製造了一支威
嘉巴哈弓（Vega Bach Bow），
並且舉辦多場演奏會，恬靜古樸
的音色，確實符合巴哈音樂的風
格。史懷哲表示，任何人聽了以
威嘉巴哈弓演奏的夏康舞曲，就
會發現，不分解的和弦能流暢無
間斷地演出，從藝術觀點上來
說，是令人滿意的。

後來又有人研發出不同型態
的彎弓，較有名的是小提琴家蓋
赫勒（Rudolf Gähler）及大提琴
家麥可·巴哈（Michael Bach）

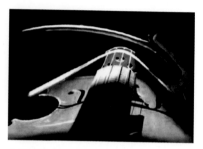

小提琴家泰曼宜（Emil Telmanyi）演奏
與製琴家威斯特高（Knud Vestergaard）
所合製的威嘉巴哈弓。

共同發展另一種型態的彎弓，以
此演奏巴哈全套無伴奏大提琴組
曲。之後有多位作曲家譜寫彎弓
的樂曲。1990 年麥可·巴哈又研
發了大、中、小及低音提琴系列
的彎弓，命名為「巴哈弓」，並
且獲得大提琴泰斗羅斯托洛波維
奇（Mstislav Rostropovich） 的
讚賞，已量產上市。

現今伊朗艾捷克提琴的古老彎弓。

威尼斯提琴展所展示的一支古老彎弓。

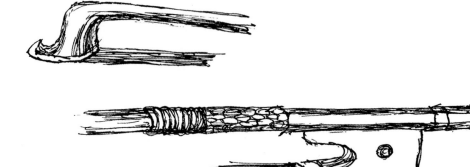

Chapter 2 　　　琴弓的科學與美學

琴弓的構造

　　琴弓本身是由許多的材料及零件組成,主要可區分為三個部份,即弓尖、弓桿及尾庫。琴弓本身並不是發聲體,但影響著樂器本體的音量與音色。

弓尖

　　弓尖表現出一支弓的面貌與藝術性,成為製弓師的創意所在,雖其差異細微,但仍可體現琴弓的神情。所以每個製弓師除了模仿名家,都會自行創造美麗又具特色的弓尖。

　　弓尖與弓桿由同一材料切成,弓尖面貼有烏木薄片及小白片,可保護脆弱的弓尖。因弓毛與楔子塞在凹槽,使弓尖承受不少壓力,小白片具有護籬的功

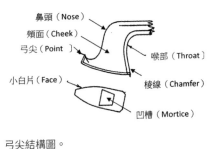

鼻頭(Nose)
頰面(Cheek)
弓尖(Point)
喉部(Throat)
小白片(Face)
棱線(Chamfer)
凹槽(Mortice)

弓尖結構圖。

能，避免弓尖裂開。有時弓尖意外碰撞，小白片也有保護的作用，損傷的小白片是可以更換的。

從前小白片最主要的材料是象牙，其色澤紋路隨著歲月而泛黃，與弓桿逐漸深沈的色澤正相搭配。象牙與同為天然的木質弓尖，黏貼效果極佳。但現在大象是保育類動物，改用長毛象牙或仿象牙的塑膠片。早期法國也有用金屬片，金屬片因非天然材質，與木質弓尖的黏貼效果不佳，而易脫落，常打上二釘以便固定。在小白片與木頭之間，還有烏木薄片，具美觀與保護功能。老的法國弓愛用象牙小白片，而老的英國弓則常用金屬小白片。

弓桿

大部份人追求琴弓的靈敏度與反應力，這種特性取決於弓桿的重量、強硬度、弧度、彈性、粗細及木質。

人們習慣試彎弓桿，以感覺其韌性。弓桿需要堅韌與彈性，但是彈性又不可太大，彈性大意味著較柔軟。彈性柔軟的琴弓，致使弓毛張力不夠，為了增加弓毛張力，演奏者會不自覺地旋緊螺栓，使運弓時容易跳動而不易控制。這也就是為什麼弓的彎曲度如此重要，因為弓的弧度要好，才能有適當的彈性，但是弓桿也不能太硬且重，硬弓演奏的觸感不佳。而且沈重的弓在弦上施力過重，產生不了優美音色。

弓桿的直徑是由弓尖往弓根均勻地由細轉粗，使琴弓在演奏時產生均衡的振動，例如用弓尖端演奏時，由於弓尖距手指的施力點遠，太重的弓尖及太粗前

端的弓桿，將不易操縱。弓桿最脆弱的地方是在弓頸附近，此處最為纖細，而承受龐大的彎曲力量。要克服這個弱點，就是弓頸的彎曲度必須流暢，弓桿木紋均勻細密，木紋纖維平行為宜。

維堯姆為探求圖特琴弓的秘密，曾分析出弓桿弧度、逐段粗細、重心位置及重量，但事實上就尺寸來探討，只是觸及表面，還達不到功能層面，因為這還涉及弓桿木料的特質。

八角桿弓（Octagon）與圓桿弓（Round）

在圖特與瓦朗時代以前，法國人很少製作八角弓，後來因為盛行此款，故有較多的產量。理論上八角與圓桿是一樣的，都可達到琴弓的最佳狀況，不能說哪種絕對較佳，而在於演奏者本身的喜好。理論上因質量的關係，演奏效果略有差異，圓弓音調較為圓滑柔順。而八角弓重擊感，產生額外的色調。若說演奏家大多使用圓弓，其實可能因為市面上流通的弓，以圓弓較多。

弓桿製造的程序是先做成八角弓，若木質堅硬，強度足夠，再削成圓弓。若是木質不夠堅硬，則保留在八角弓階段，否則再削成圓弓就顯太軟。從另一個角度來說，好的木料通常較硬，所以會被做成圓桿。一般製弓家喜歡做圓桿弓，因為八角弓必須輪廓分明，八個面要平，八條邊線尖銳有力，稍有歪斜，即易顯露缺失。八角弓的外表雖然剛勁有力，但亦顯僵硬。欲製作八角弓，木材最好選用無孔隙者，否則容易曝露手藝不好。圓弓或八角弓的表面最好使用鐕刀或刨刀

處理，避免以砂紙打磨。

重量（*Weight*）

弓桿製造的技術考量在於輕重、彈性及強度。製弓家本身絕少是演奏家，應詢問演奏者的意見，但每位演奏者所喜歡的弓不盡相同。早期法國沙托里（Eugène Sartory）前的名弓都比較輕軟，適宜演奏如歌的抒情樂曲。而現代音樂常出現濃烈的音響效果，則需要剛性較重的弓。

弓桿在未裝尾庫、馬尾毛及零件時的重量約為 36 公克，琴弓的零配件重量約 27 公克，直接影響平衡點的控制，各部位及零件的重量必須嚴格要求，以適應弓桿平衡。

強硬度

（*Strength and Hardness*）

有人以強度來形容弓的性質，強度是綜合弓桿木質硬度及粗細所擁有的特性，弓桿軟硬對音色具有的影響。一支硬弓演奏彈跳靈活，反應快速，顯示率直的性格，明朗的木頭聲響，可提振暗色音調的提琴。假如提琴樂器是暗色音調，想拉奏活潑的曲目，最好選用硬弓來演奏。而軟弓拉出的溫暖色調，有較豐富的表情感受，但音樂家需要有較高超的演奏能力來操控琴弓。

我們通常以手微微彎動琴弓，來判斷弓桿的軟硬強弱度。琴弓在製造時就已考慮到本身強弱，多刨一刀，就減少 1/12 的弓重量，其強度也相對減少。但並不是強硬的弓就是最好，演奏者對弓的強度有不同需求，要視樂曲風格而定。

彈性（Elasticity）

彈性表示在壓力下易於彎曲的特性，也就是快速回復原狀的能力，輕巧的弓較有彈性。彈性太大的弓桿則容易扭曲，傾向不穩定。而柔軟度並非琴弓品質的要求，因為柔軟也就相當於軟弱。

平衡（Balance）

平衡是比弓桿重量更為重要的特性，弓桿的平衡涉及到重心位置。一般人把琴弓放在筆桿，以找出重心所在，但那只是靜態的平衡點。只有拿起弓來實際試奏，才能真正感受是否平衡。若一支弓的重量在標準範圍內，可是演奏者握弓感覺很重，可能是弓尖端太重，也就是重心偏向弓尖，很少人會喜歡沉重的琴弓。這項缺點是可以修改的，就是減輕弓尖端的重量，使重心向弓根端移動。或是增加尾庫的重量，也會使人覺得平衡一些。解決之道，就是在弓尖或是弓根鑲嵌金屬，但也會使全弓重量因此而增加。繞銀線的多寡是控制弓桿平衡的最佳方法。

$$P1 \times A = P2 \times B$$

註：S 為支點，姆指與中指緊抓弓桿之點
P1 為弓桿重量
P2 為小指頂弓桿之力
E 為小指頂弓桿之點
W 為重心

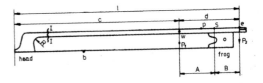

靜態平衡點（重心）：尾部螺栓端算起 265–270mm。
1. 若重心偏向弓尖，會感覺前頭重，不知不覺小指要用力壓，而使手疲勞甚至抽筋。
2. 若重心偏向弓根，前頭太輕，運弓時某些動作會漂浮不穩。

	長度 (不含螺桿)cm	重量 g	重心 cm(從弓根算起)
小提琴	73	60 ± 5	24-25
中提琴	72	67 ± 3	24-25
大提琴	69.5	75 ± 5	23-24

	弓長	重量	重心
小提琴	74-75	850 g-950 g	19
中提琴	74	1,000g-1,100g	-
大提琴	72-73	1,150g-1,250g	17.5-18

　　雖然有人分析圖特弓尺寸的公式，但製弓家還是要按照木料的異質特性來調整修正所做之弓。

翹彎（*Warping*）

　　弓桿烘烤弧度時，常有應力尚存未消，造成弓桿日後逐漸扭曲，或弧度變直，這也是製弓家最大的煩惱。有些弓在琴商手上一年半載，尚末售出即已變形。雖然有些弓的弧度穩定了，數年內不再改變。但老弓在長年使用下，也會喪失彈性或弧度。若只是輕微地喪失彈性，演奏者可能無法感覺，但橫向翹彎時，則會立即發現。老弓常易變直或扭曲，而需要再予以烘烤，要烘彎得好不容易。弓桿最易扭曲橫向彎曲的部位是接近弓尖的段落。還有一種情形，新弓桿看似完美正直，我們以射擊瞄準的姿態檢驗，弓桿可能端正不差。但一扭緊螺栓，弓桿卻向側歪斜。

	小提琴	中提琴	大提琴
弓桿長（不含弓尖）L	700 mm	690 mm	665 mm
弓頸直徑 D1	5.55 mm	6 mm	7.5 mm
弓根直筒部直徑 D2	8.55 mm	9 mm	10.5 mm

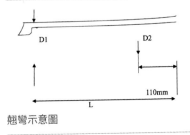

翹彎示意圖

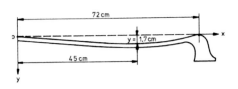

弧度示意圖

　　法國弓的設計原則，是維堯姆所制訂的，小提琴弓頸徑 5.55mm，弓根直筒部份 110mm 長，直徑 8.55mm，但仍須視木料材質作適當的調整。

弧度（Camber）

　　弧度影響到弓桿的穩定性。弓桿的弧度必須適中，使弓毛儘量接近弓桿，卻又不能相碰，這樣才能靈活運弓。弓桿弧度是前彎後直，其形狀為拋物線，從弓尖算起三分之一的地方，是弓毛最近弓桿的部位，最低點從開始彎曲點算起，約 45 公分的地方，深度約 1.7 公分。拉緊弓毛，這最近的距離約等於弓桿直徑，太深的話，運弓不穩，太淺則弓桿易碰琴弦。從另一個角度來說，弓毛拉到這種程度尚不能拉緊，表示弓桿太軟，強度不足，而繼續拉的話，弓桿會扭曲變形。

　　即使是圖特弓，每支的弧

度也不完全一樣。弓桿由粗細變化來控制平衡。一支軟弱的弓，假如藉由過度轉緊弓毛以增加張力，可能會造成弓桿的橫向扭曲。

巴洛克弓是沒有反彎弧度（inward 或 concave）的，當1770 年反彎的克拉默弓發明之後，人們發現弓反彎的優點。於是許多舊的巴洛克弓被要求重新烘烤反彎，現代仿古的巴洛克弓也製造反彎，以利演奏。

尾庫

尾庫又稱尾庫塊（Frog 或 Nut），是精密、美麗又複雜的零件，尾庫基本上以烏木製造，烏木又以非洲摩里西斯島及錫蘭所產最佳。象牙及玳瑁是早期人們所喜愛的高貴材料。但烏木尾庫還是最實用的材料，比玳瑁及

象牙理想。從圖特開始，尾庫木料除了烏木，不作其他選擇。

尾庫的木料有翻譯成烏木（Ebony），也有寫成紫檀（Red Sandal），有人把兩木當成同一種，其實這兩種是截然不同的木料，用於尾庫最好的是烏木。烏木為柿科屬（Ebenaceae），體重堅致，細膩若無纖維，其木質漆黑，光澤如牛角。在台灣也有原生種，俗稱「毛柿」或「台灣黑檀」。

象牙尾庫也是早期人們所喜愛的材料，老圖特、都德等都常用，象牙看似堅硬，但事實上並不耐磨，壽命也不長，易受手指磨損。法蘭梭‧圖特最高檔的弓用的是玳瑁尾庫加金飾。烏木尾庫是最普通也較實用的材料，比玳瑁或象牙耐用。有些都德老

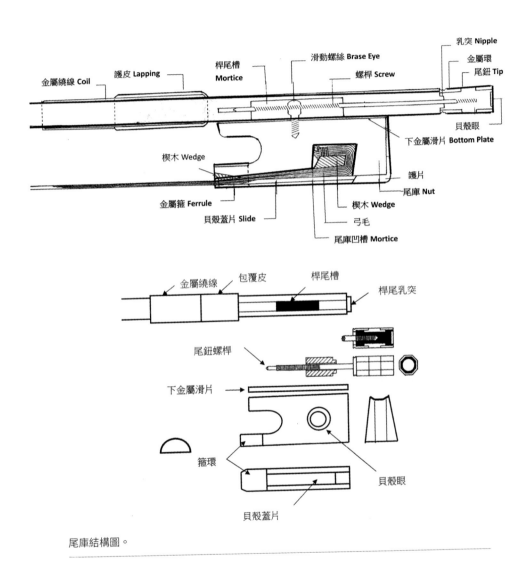

尾庫結構圖。

弓尖金屬小白片上的支釘。

各式弓尖，巴黎樂器博物館藏。

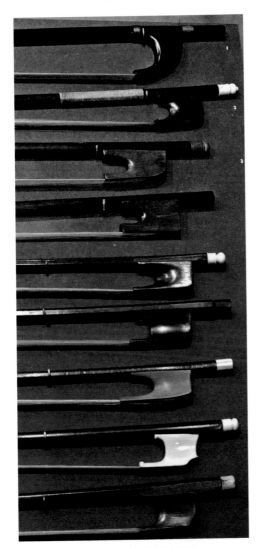

各式尾庫，巴黎樂器博物館藏。

弓，已歷經百年，烏木尾庫仍在極佳狀況。

象牙密實堅硬，質感優雅，隨歲月而轉淡泛黃。但缺點是重量較重，使琴弓重心偏向尾部。玳瑁材料則甚輕，是 1815 年後才開始採用。雖然質感華麗精美，但後期大隻玳瑁被捕捉殆盡，已少有足夠厚度的玳瑁，常用數層黏貼。日久在溫濕度變化及使用下，其黏貼層也會脫落。無論象牙或玳瑁也都易受手指磨損。如今在生態保育考量下，玳瑁或象牙已完全禁止採用。

尾庫雙側常鑲飾貝殼眼或圖樣。調整鬆緊的螺桿為鋼鐵材料，其旋鈕飾以金環、銀環及貝母片。尾庫上金或銀飾，除了視覺上的美感外，也有配重功能，增加弓根重量，使重心向後，以

及弓桿的總重量。

貝殼底蓋（*Pearl Slide*）

裝在尾庫底下，遮蓋弓毛凹槽，可平行滑動來開關凹槽，貝殼片的底蓋是製弓家一致青睞的材料，從圖特時代即開始使用。巴洛克弓的尾庫沒有底蓋，尾庫槽內的弓毛外露。

金屬滑片
(Bottom Plate 或 Under Slide)

裝在尾庫與弓桿之間的金屬片，增加滑行時的光滑度，可保護脆弱的尾庫，避免尾庫與弓桿的磨耗。金屬滑片幾無空隙地密貼在二者之間，從琴弓外表看，僅看到滑片側面一條線。此蓋裝置為 1820 年法國製琴師魯波（François Lupot）所發明，所以在 1820 年以前的琴弓，包括圖特的弓，應該是沒有金屬滑片的。

金屬箍（*Ferrule*）

　　裝在尾庫舌部的金屬箍，如英文字母 D，又稱「D 環」，上部半圓形，下部平坦，可將弓毛固定成扁平帶狀。其材料為金、銀或不銹鋼。在箍環下又壓進一塊扁平木塞片，以壓緊弓毛及箍。此木塞片常會沾點膠，避免鬆脫。

柏南布科木成長緩慢，歷經濫伐，已瀕臨絕種。

　　此金屬箍為圖特的重要發明，對於琴弓的演奏功能影響甚大。

貝殼飾物

　　琴弓上的貝殼飾物通常用的是珠母貝殼（Mother of Pearl）或鮑魚貝殼（Haliotis）。珠母貝殼白色不甚華麗，但是堅硬耐磨，平坦又大片，切製方便，最早被使用於琴弓。從前皆由英國漁夫採集，供應英法的製弓家，當時尚無漂亮的鮑魚貝。也因材料來源的關係，早期的製弓家如老圖特、李奧納多‧圖特、法蘭梭‧圖特及都德等人，都使用白色的珠母貝殼。直到十九世紀中葉之後，貝殼來源豐富，來自日本的鮑魚貝殼或九孔，具有彩虹般絢麗光彩的顏色，製弓家競相使用。但鮑魚貝殼曲度大，取材率較少。貝殼飾物在汗濕手指

製弓廠所儲存的柏南布科木原木。

製弓廠裡工人正在切鋸木條。

下,容易磨損。所以這也是經常更換的零件。

覆皮與覆線

(*Lapping and Coil*)

覆皮(Lapping)與覆線(Coil or Grip)的目的在於方便手指緊握弓桿,增加抓力、減低磨損,又可以調整配重。覆皮材料為動物皮,常見有水巨蜥與摩洛哥山羊皮,也有人用鴕鳥腳皮,主要是選取皮紋漂亮、觸感好又硬磨者。覆線除了美觀也當配重之用,多繞幾圈,可使弓根端加重,調整弓桿的重心平衡。

覆線有金線、實心銀線、蠶絲心外繞金線或銀線(Tinsel)、天然鯨魚鬚及人造鯨魚鬚等。其中最昂貴的是金線,用於名貴弓。實心銀線最為耐磨,也是最普遍使用的覆線材料。小提琴使用直徑 0.012 英吋的銀線,既當配重,所以長度視狀況而易,一般約 2 英尺。圖特至沙托里時期最常見的是蠶絲心外繞銀線。英國人喜歡金或銀的單色線纏繞,而法國人常用交錯不同的顏色線纏繞,裝飾性濃厚。

鯨鬚為鬚鯨類之鬚,經削成

切成木條。

切成 L 型粗胚。

截面半圓形的細絲，以濕毛巾泡軟以便纏繞。法國弓的鯨鬚常繞成黑白相間，為的是增加美觀效果。現今鯨魚為保育動物，改以仿鯨魚鬚的合成材料取代。琴弓以鯨鬚或絲線當包覆線纏繞，其重量甚輕，而銀線相對甚重，影響弓桿平衡極大。

弓尖及尾庫的凹槽（*Mortice*）

凹槽不露出表面，被弓尖的弓毛及尾庫的底滑片蓋住，在外表上是看不見的。因此很多製弓家並不注意凹槽的作工，很少去精削細琢。有些製弓家因個性及手法，隨性地挖刻凹槽，可見其刀痕累累，或有些製弓家不擅用刀，常用銼刀修桿，也用銼刀去修凹槽。又因凹槽深藏內部，不因歲月磨損，老弓仍保存最初原始刀痕，正好提供鑑定訊息。

低音提琴弓

現今低音提琴使用的弓有法式及德式兩種，法式弓類似小提琴弓，短而重，尾庫大，持弓法與大提琴相同。德式的低音提琴弓較法式的長，尾庫高，持弓時四指在尾庫內。弓毛扁束在弓尖部寬約 8mm，尾部寬約 10mm。

雖然兩百年前圖特也曾為低音提琴的弓定下尺寸標準，但因演奏者甚受龐大的琴體影響。每一位演奏者喜歡依據自己身高與力道的不同，甚至演奏曲目和音樂的需求，來決定弓的長度和重量。以致於低音提琴弓的長度和重量一直沒有統一。

漆料

琴弓上漆使用一種簡單的方法，以法國漆或法蘭西漆，內含

液態蟲膠（shellac）及亞麻仁油。將手帕沾一點亞麻仁油，然後沾上液態蟲膠來磨擦弓桿，亞麻仁油僅做為潤滑劑。最好以圓形方向擦拭，擦拭過程中若覺乾澀，可再沾亞麻仁油及蟲膠，繼續擦拭。

有些淺淡色的木桿上漆前可能會先染成暗色，因為暗色木料看似堅硬，較受喜愛。圖特時代琴弓的油漆僅擦亞麻仁油，到了瓦朗時代開始以酸輕染色，再加塗薄蟲膠油漆。

木料

即便製弓的手工藝再好，若未能選用上等木料，以製作性能優越琴弓，所費心力將是徒勞，可見得木料選用是製弓家的首要之務。過往歷史被用於琴弓的木料很多，都是堅韌硬木，如紅木、柚木、胡桃木、蛇根木、檀木等，後來公認最理想的是巴西柏南布科木。但是此木珍稀昂貴，只有上等琴弓才會使用柏南布科木，次等弓採用巴西木及檀木等。至於紅木或鐵力木雖然堅硬，但因彈性不足，不列入考慮。

柏南布科木（Caesalpinia Echinata）產於巴西東北柏南布科州的海岸雨林，為巴西國樹，通稱「寶巴西」（Pau Brasil）或柏南布科木（Pernambuco）。西洋樂器市場上也簡稱為「巴西木」，用於製弓已有二百五十年歷史。柏南布科木的質硬密度高、毛細孔少，拋光平滑而光亮。最重要的是，具有很低的減震阻尼（Damping），允許振動緩慢地衰微，這種特性正能產生豐富音色。

在中國許多人把柏南布科木稱為「蘇木」，事實上中國原本就有生產一種名為「蘇木」（Caesalpinia Sappan）的樹，其紋理順直細緻，木質與巴西的柏南布科木相仿，用來製作高級琴弓。所以當琴弓界講起蘇木，可能是指巴西的柏南布科木或中國的蘇木。也有人用較精確的術語稱「中國蘇木」與「巴西蘇木」。同樣情況，在西洋也有令人困惑的現象，有把柏南布科木稱為「巴西木」，把巴西木代表柏南布科木的，但其實又另有巴西木，為同屬的雲實木，所以巴西木中高級者為柏南布科木，次級者為巴西木，中西方都有含糊其辭的現象。

柏南布科木的比重 0.938 至 1.119 公克／立方公分，它並不是比重最高的木料。常見的紫檀木也較柏南布科木硬，質量更重。若用紫檀木製弓，為了控制在 62 公克的重量，必須削得更細，太細時弓桿易彎曲而彈性大，則不利演奏。太過堅硬木料的琴弓發聲尖亮；太軟的木材，吸收太多的震盪，聲音顯得柔弱，而柏南布科木則居中。木材密度高者，雖可使弓桿細瘦，但為了配合尾庫的厚度與高度，仍需相當粗厚，所以弓桿也不能太過纖細。

弓桿就在木質、粗細及運弓的要求下力求平衡。這些相關的因素都是差之毫釐，失之千

在中國許多人把柏南布科木稱為「蘇木」，只有上等琴弓才會使用柏南布科木。

里，不能顧此失彼。再說木頭傳遞振動，涉及內部纖維及樹脂含量，並非僅僅硬度因素。所以柏南布科木的優點在於質量適當。但同樣柏南布科木也有質量上的差異。相對而言，硬度高的比較好用，可製造細而有力的硬弓，也可修出輪廓分明的八角弓。硬度不高的木料，就不能製造細弓了。

柏南布科木的名稱源自當地土著印第安人對於該樹的稱呼，「紅棒」之意，以其深淺不一的棕紅色澤命名。柏南布科木料的顏色從黃到黑，色域多種，雖其色澤並不影響品質，但人們總認為深色木好，喜歡深色弓，所以淺色者都會先被染黑。這種樹木生長緩慢，需要三十年以上才能成材，做為弓桿木料。但有人對於這種木料過敏，出現皮膚騷癢、過敏鼻塞的症狀。

十六世紀葡萄牙人初到巴西，發現柏南布科木是上好的天然紅色染劑，因而大量砍伐至歐洲當染料，直到 1856 年才有化學合成染料的發明。接下來法國製弓家發現柏南布科木是最好的弓桿材料，再次掀起此木的開採潮。弓桿是相當耗材，並非整棵樹的各部位都可利用，而是精選的無節、無裂縫，勁直的部份才能用於琴弓，其利用率僅百分之二十至三十，以世界一年需求二百立方米的弓桿來說，一年需求一千立方米的樹，每年需砍伐一百棵樹。

當時十九世紀的巴黎是世界染料中心，從巴西進口柏南布科木萃取紅色素。製弓業者可能向染料廠購買柏南布科木，或找尋

柏南布科木舊料，例如裝蔗糖的木桶、包裝木材、帆船甲板，甚或已滲透鹽份的沈船木板。這些舊木料多已使用數十年，歷經日曬雨淋。

柏南布科木成長緩慢，歷經三百多年的濫伐，已瀕臨絕種。其原產地在第二次世界大戰改種甘蔗或轉型牧場，海岸雨林快速消失，柏南布科木只少數倖存於森林深處。據相關機構統計，現在柏南布科木的生存面積僅存原有的百分之十，雖然 1992 年巴西即禁止開採貿易，但盜伐者仍走私至秘魯或玻利維亞出關。

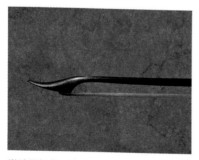

當時最好的巴洛克弓是蛇根木，來自南美亞馬遜流域，木紋相間，質地堅韌。

有鑑於此，國際音樂界意識到這種木料滅絕或限制之後，將面臨無木可用的窘狀，於是 1999 年一群製弓師在左岸咖啡屋聚商，募款成立了「國際保護柏南布科木行動」（International Pernambuco Conservation Initiative）（IPCI）的非營利組織，並擴展到歐洲及美洲國家，致力於研究、育復及永續使用，取締盜採走私。數萬顆的種子植於土地，預計三十年後可伐木採收，以確保未來琴弓有木料可用。

此外，「瀕危野生動植物種國際貿易公約組織」（CITES）於 2007 年也將柏南布科木列入保護名單，限制國際間的貿易與通關。除了原木在國際運輸被限制外，理論上琴弓的進出口，及演奏家海外演奏的通關，皆要申

報合法木料的證明。現有琴弓都必須預先報備，這些規定增加了許多麻煩。但 CITES 只有限制措施，卻未有如 IPCI 的積極復育計劃。

此外，有蛇根木（Snakewood）（Piratinera guianensis or Brosimum aubleti）也來自於巴西，為文藝復興至巴洛克時期的維爾琴及科瑞里琴弓所用，帶有明顯的節紋。

陳年老木的優異性

老琴的音色與反應皆優於新琴，無庸置疑。大家都知老琴具有陳年木料的因素，使木板振動性佳，聲音傳遞性好。而琴弓也有同樣的特質，亦即新弓沒有老弓的反應力與品質。研究者原先甚感困惑，以製弓的技術來說，代代相傳並無二致，現代製弓師對木料的處理及製弓細節，與他的師傅都是相同，為什麼老弓就會比較好呢？所以最可能的問題出在木料本身，從前製弓師用的是老木，像圖特所用的是木桶、船板，歷經多年使用，甚至海水浸泡的舊料，皆非新材。

有個老木料的驗證是西班牙製弓大師岡薩雷斯（Fernando Solar Gonzalez）所做，世上許多知名演奏家排隊買他所製琴弓，因為演奏性甚佳，不亞於法國名家老弓。岡薩雷斯製弓的秘密在於一批老柏南布科木，西班牙內戰期間，他買下一批法國密爾古的舊柏南布科木，是一家工廠的櫃檯木架。當時他裁下來製弓時，發現木料的膠脂太多，振動及音響反應遲緩，不易施工，做出的弓也不利演奏。於是將這批

木料棄於倉庫一角，這一放長達四十五年之久，早被遺忘。直到倉庫整修才重見天日，此時發現樹脂已乾，木材反應變靈敏。據估計這批當櫃架的木料從採伐到現在，已超過百年。

這是個四十五年琴弓木料的實驗，因為在同一位製弓師，同一批木料，時間先後的對照，得以證明老木料與新木料的差異。即使在二十世紀初為琴弓所砍伐的木材，也是存放多年才使用，其膠脂皆已消失，沙托里等名家所用，皆為老木。

木料的選擇

對製弓師來說，木料的挑選能力與工藝技術同等重要。製弓前首先面對木料的選擇，有經驗而聰敏的製弓師，能透過眼光與手感直覺，來判斷木料良窳，但這需要多年體驗才具備的能力。經驗不足者，可尋求科學方法以儀器檢驗來挑選。

最簡單的方法是浮力測試，利用密度大木材下沈的原理。但大多的柏南布科木，不論 A、B、C 等級，皆能下沈，為了區分差異，可在增加浮力的鹽水測試。製一封底的塑膠管，灌注鹽水，則全下沈者為 A 級木，下沈 2/3 者為 B 級木，下沈 1/3 者為 C 級木。這方法應用在琴弓粗胚木桿，但不適用在琴弓成品上。

但上述坊間的浮力測試法並不科學，因為所謂的木材重量是木材的細胞壁重量加上其含水重量。含水率在纖維飽和點以下時，隨著含水率減少，木材強度便會增加。隨著木材乾燥程度的增加，木材優良的性能愈會發揮出來。

另有專業的科學儀器被用來測量木材強度，可測琴弓粗胚與琴弓成品。理論上木材可由敲打的聲音來判斷品質是否優良，正如拍打西瓜來判斷品質良莠。這項儀器是應用超音波原理，測試音波通過木料的時間，可知木材的音響特性，同時可測知木料彈性。亦即以敲打木材的聲音來推算彈性係數，彈性係數愈大，強度也愈大。

市面有一種專測提琴與琴弓的儀器「魯奇儀」（Lucchi Meter），測量值愈高表示木質愈好，其巴西木測量值約 4.200-4.950，柏南布科木測量值約 4.350-6.130。應用這種儀器，製弓師可用來挑選木胚，而琴商及演奏家用來區分琴弓的品質。

但是木料材質還存在著其他

以「魯奇儀」（Lucchi Meter）測量木材彈性。

以「魯奇儀」測量提琴木料的品質良莠。

因素，例如木紋與內含濕度，使儀器的測量值產生誤差。最好是把儀器當成輔助工具，而綜合本身經驗與儀器判斷，不宜單賴一種技術。

好的木料沒有裂痕，弓尖到弓根木材紋理順直，凡是紋理不規則或破壞紋理的弓桿，就容易變形，弓的抗彎強度和彈性就不耐久。弓桿木料的裁切須沿纖維的方向，不能中斷，以免破壞其強度。而且必須沿徑切，纖維縱向而不截斷。避免弦切（板切）而截斷紋路。若為板切之料，不可用作最高級的金弓。

製弓家挑選木料，以目視檢查兩側截面，看是否有裂縫空洞等瑕疵。有很挑剔的製弓師如法國製弓名師烏夏（E. A. Ouchard），他曾拿起毛坯料，用力敲擊桌面，聽其聲響或觀察是否裂開，以斷其優劣，他以此方法淘汰了百分之三十表面看似無損的木料。

琴弓的物理機制

琴弓物理學的探討，雖然對於音樂家的演奏技巧似無關聯，事實上對於教學、選購及硬體知識大有幫助。

弓弦振動原理

琴弓演奏時產生音響，主要是因為弓弦產生磨擦力，激發弦的前後擺動，松香則促進其磨擦。若是未上松香，弓毛與琴弦表面過份光滑，則產生不了聲響。弓毛上松香產生磨擦力又有兩種推論，一種簡單的說法，是靠松香的黏性，這個黏性短暫抓住琴弦又立即放鬆，就是黏－放－黏－放－黏－放，如此產生

連續的撥弦振動。另一種說法是松香塗佈之後，會塞在弓毛槽溝，使鱗片站立如鋸齒，弓毛擦在琴弦上時，站立的鱗片有如無數撥弦片撥動琴弦，連續密集地撥弦，使琴弦產生振幅而策動琴橋，琴橋再策動面板，面板的震動遂發出持續的聲響。這兩種推論，以後者的鱗片說較為合理。

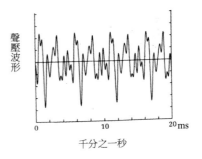

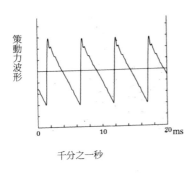

弓毛的運動波形

　　弓毛與琴弦的磨擦產生如下的策動力波形，這波形如鋸齒狀機械性的動作，每二百分之一秒即造一個波。弓毛的運動頻率與琴弦是一體的，互相激勵策動。

　　弓毛的策動力波透過琴弦、琴橋及琴體，將機械振動能量轉換成音波能量，於是提琴發出優美的聲音。如下圖聲壓波形，如浪的上下波，因為包含複雜的泛音，所以波形複雜豐富。聲壓波形涉及提琴結構，所以每支提琴的聲壓波形不同，也就產生出不同的音色。

弓桿木料的強度

木料的強度有抗彎度或張力度等性能顯現，因為木材強度與「彈性係數」有所關聯，木材受壓後的不易變形謂之「彈性」。所以通常以「彈性係數」來表達木材的強度。其測量原理是用鎚頭輕敲木材正面，以儀器測量所發出的「固有振動周波數」，而算出木材的彈性係數。彈性係數愈大者，木材的強度也愈大。簡單地說，木材可經敲打聲音，來判斷品質是否優良。

從另一角度來說，木材的彈性是應用超音波原理，音波通過木料的時間長短，可測知木料的彈性。音波在木桿穿透的速度愈快，表示木料彈性愈大。

木料的彈性＝（速度）² × 密度

材料的彈性以彈性模數（Elastic Modulus）來量化，亦稱「楊氏模數」（Young 's Modulus），模數大小代表材料的剛性，模數愈大其剛性愈大，愈不容易彎曲。在物體的彈性限度內，應力與應變成正比，亦即加諸木材的力量愈大，木材的變形愈大。

科學家曾做實驗，發現木材愈是乾燥，其強度愈強，木材隨著乾燥程度的增加，愈能發揮木材的優良性質。通常木材內部的細胞粒子與細胞壁都會存水，在自然環境下，新鮮木材逐漸蒸發水分而乾燥，最後達到與大氣溫濕度平衡的狀態。一般木材含水率控制在百分之十五為標準，亦即含水率百分之十五為平衡點，隨著含水率的降低，木材強度便會增加。

不過，即使乾燥到百分之零的含水量，放回大氣中，還是會再繼續吸收水分，最後回溯到百分之十五的平衡點。所以弓桿要有足夠的強度必須使之乾燥，新砍伐的木材要自然達到乾燥程度，是需要很多年的。

弓桿軟硬度的影響

提琴音色與弓桿質量是有關聯的，正如同一塊黃銅在不同的錘子敲打下，會產生不同的聲音，而所產生的音程，正好是錘子的重量比例。

堅硬弓桿拉出的聲音清楚明亮，音質堅硬。硬弓適宜拉輕快的跳弓，卻不利於拉奏和弦。軟弓由於張力較小，弓毛在琴弦上運行時，弓毛貼住琴弦的接觸面較大，拉出的聲音柔和軟弱，但柔軟的弓桿卻不適跳弓。所以

弓桿軟硬各有優缺點，最好是適中。琴弓的此一特性，正好可當提琴發聲的過濾器。適當地選用琴弓，可使刺耳的提琴柔和，使音色模糊的提琴音色集中。

弓毛與琴弦的咬合受到弓軟硬的影響，進而涉及琴橋與琴板的振動，這正是弓桿質量影響發聲的因素。

軟木弓：振動能量慢，共震豐富，發音柔和，不適跳弓而利和弦。

硬木弓：振動能量快，共震低，發音清晰明亮，利跳弓而不適和弦。

圓桿與八角桿

同樣木料中，直徑 8.5mm 圓桿的彈性模數為 0.0603，同直徑的八角桿彈性模數為 0.0701，

由此可見，相同直徑的弓，八角桿的模數大於圓桿 15%。

模數=0.0603　　　　模數=0.0701

弓桿的製造係先削成八角桿，若木料強度夠，再續削成圓桿，以減低質量。對製弓師來說，大多喜歡做成圓弓，因圓桿較不顯露手藝缺陷，不似八角桿梭線不直即曝露無遺。若木料強度不夠，才做成八角弓以確保剛性。

弓桿彎烤時，若存在的應力大，將來變型就愈大。弓桿烘烤之所以會有應力存在，就是烤得不夠熟，應力並未消除。

老弓較優良的理論

製琴家會選擇老木材，愈老愈好，大家也都推崇古弓的運弓靈敏，名音樂家都使用古弓演奏。但其運弓之順手，仍然只可意會不可言傳，很難用科學具體說明，只能用藝術的言語來形容。老弓靈敏的原因何在？茲列舉如下辯證以供參考：

1. 老弓的歲月時間使提琴木材水分蒸發，而達到足夠的乾燥。

2. 老化也就是氧化效應，氧化會使木材質變，使弓振動靈敏。

但這項理論只是推測，似乎尚未有科學家做過實驗，並且證明氧化後木材與音響的關係。

3. 老弓長久使用，因弓桿振盪而釋放木材的內應力。

琴弓烘彎製造時會產生許多內應力，這些應力會抑制木材的振盪能力，也就是影響琴弓運動的發揮。內應力可藉由分子長時間的振盪化解，使內應力逐漸消除，讓運弓時得以自由振動。事實上，琴弓在弓毛緊拉的情況下，也產生相當應力，所以琴弓是在該壓力下，尋求適應的最佳體能。

4. 木材內部振動損失

在亞柯夫斯基（B. A. Yankovskii）、漢特（Hunt）與巴珊的研究中，都發現木材在長期連續振動下，木材的振動損失會減弱，利於音響的發射。提琴被長期拉奏，使琴板長期振動，減弱木材的振動損失，證實老琴的音質優美是長期演奏下的效果。同樣地，弓桿也是不希望有振動損失，老弓在長期連續振動下，木材的振動損失會減弱。

5. 老弓長期振盪釋，釋放木材的溼度。

倫敦南岸大學工程暨計設學院的漢特教授（Hunt）於 1996 年實驗指出，木材硬度和本身所含水分及水分子的分布情形有關，也就是木材的濕度會改變木質的軟硬度，也會改變木材的振盪阻尼。木材的濕度愈低，木質就愈硬，木材振盪阻尼則愈低，皆有利於弓桿性能。

有趣的是，這種木材濕度與振盪關係是可逆的，木材的持續振盪，可改變內部的濕度係數。研究人員以製作小提琴的雲杉作實驗，他們將一大根雲杉棒置入

十九世紀末低音提琴弓，巴黎博物館藏。

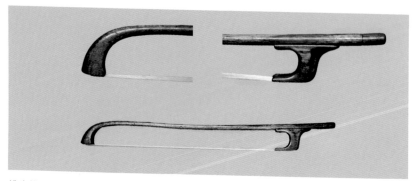

維也納爪貢內堤（Domenico Dragonetti）低音提琴弓，周春祥收藏。

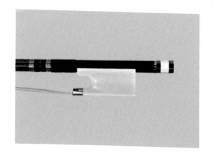

象牙尾庫，雅尼克‧卡努（Yannick Le Canu）小提琴弓，2016 年製，陳瑞政提供。

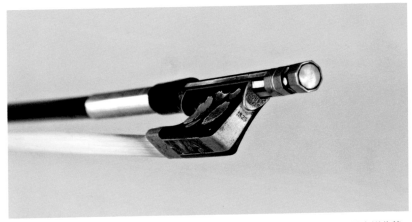

刻字的尾庫，海因里希・克諾夫（Heinrich Knopf）小提琴弓，1825 年製，周春祥收藏。

1~3 鑲貝殼紋的弓桿，海因里希・克諾夫（Heinrich Knopf）小提琴弓，周春祥收藏。
4 刻字的金屬螺箍，查爾斯・尼可拉・巴尚（Charles Nicolas Bazin），低音提琴弓，1900 年製，周春祥收藏。

溼度高達八十至九十度的密室，木棒的濕度隨著室內濕度而升高，再以每秒十周波的音頻震動木棒，四十八小時後，木棒的溼度反而降了百分之五。

圖特琴弓桿徑分析

維堯姆為尋求圖特弓的祕密，以科學的方式歸納出一個弓桿直徑的公式，全弓分成十二個測量點，導入這個公式之後，得出以下數字。不過他強調，這個公式僅供參考，要依木桿材質作適當修正，例如堅硬的木料，其桿徑數字可略為縮小。

弓藝與工藝

琴弓的藝術有兩個層面，一個是樂器本體的美學，另一個是音樂藝術的表現力。一支好弓是有生命的，能夠表現出深廣與精微的音樂藝術，又能精確地反應演奏者細膩的感受。

琴弓職人的精神與手工藝

琴弓的製造雖是一項工藝，但製弓師若能用生命來打造，猶如從事一種藝術工作，也算是個藝術家。以這樣的信念工作，製弓不只是藝術，也超越了工作和責任，已屬宗教般的虔誠與信念。

要做出一支好弓，首先要修身養性，培養精密的自我要求，以及追求完美的精神。製弓是一種修行，鍛煉一個人的耐力，必須平心靜氣。製弓的學習首先是觀念，然後才是手藝。要對工作要有所認知，工作誤差僅百分之一毫米，也就是千分之一公分的精密度，然後才是學習手工的技巧。

琴弓沿桿的直徑（單位：公厘 mm）

測量點	小提琴		中提琴		大提琴	
	弓根距	桿徑	弓根距	桿徑	弓根距	桿徑
0	0	8.55	0	9	0	10.5
1	110	8.55	110	9	105	10.5
2	220	8.25	220	8.7	210	10.2
3	313.5	7.95	313.1	8.4	299.2	9.9
4	393	7.65	391.8	8.1	374.8	9.6
5	460.5	7.35	458.4	7.8	439.7	9.3
6	518	7.05	514.7	7.5	493.6	9.0
7	566.8	6.75	562.4	7.2	540	8.7
8	608.2	6.45	602.7	6.9	579.3	8.4
9	643.5	6.15	636.9	6.6	612.7	8.1
10	673.5	5.85	665.7	6.3	641	7.8
11	700	5.55	690	6.0	665	7.5

註：小提琴弓桿不含弓尖與弓根螺絲之長度：700 mm

　　中提琴弓桿不含弓尖與弓根螺絲之長度：690 mm

　　大提琴弓桿不含弓尖與弓根螺絲之長度：665 mm

琴弓的製造，手藝技術是基本的要求，對於一個熟練的製弓師來說，技術不是問題。現在雖是機器化的時代，琴弓有些部份由機器施工，但是手工仍然佔大部份，機器無法取代手工藝的精神。不過我們必須知道，提琴與琴弓製造並非全然的藝術創造，若數十年的工作生涯都在重覆同樣的設計圖，可能會因疲乏而產生次級品。

琴弓製造一方面要求嚴謹實用，另一方面又追求藝術上的表現。琴弓的藝術表現，能夠發揮的實際不多，差異那麼細微的藝術風格，在外行人眼中，每支弓的外觀一樣，幾乎看不出差異所在。因為必須同時保存基本的實用功能及傳統風格，所以不能有太大變動。也就是說，琴弓的創意是在局限範圍之內。

琴弓的製作在國際已被歸為藝術，若無藝術層次上的表現，則為工匠產品。一支弓的整體藝術表現是很重要的，藝術是一種個性，如果只用統一的標準來規範，就不能稱之為藝術了。一支弓的製作融入了製弓師的精神，如日本職人對工藝以宗教儀式般的專注，將神韻與生命注入作品，除了眼到之外，還要具備手到技能，加上敏銳的巧思，賦以琴弓藝術美學上的造形風格。

琴弓本體的美學

欣賞一支琴弓時，我們心明澄澈，靜氣地輕取凝視，摸撫著流線形修長的弓桿。這棕色的桿子，皮殼色澤深沈，充滿歲月的沈澱。弓尖看似靈敏，貼著象牙片的弓面，象牙因歲月痕跡而顯泛黃，黃白色的象牙露出一條條的黃絲。而尾庫最是多變，各種

昂貴的材質，鑲著優雅的圖案，足可欣賞製弓師精巧的手藝。

一支弓桿的風格，主要體現在弓尖的形狀，弓尖曲線是製弓家表現藝術與風格之所在，一支弓的神情全在這裡。在內行人眼中，弓尖線條上差之毫釐，失之千里。這種創意的差異在一般人眼中卻甚為細微，要成為一位琴弓專家，需要多年持續地鑒賞，才能感受其細節微妙之處。

有人欣賞弓尖的造型渾圓、挺秀，弓尖外輪廓溫柔地捲彎，到達尖端時突然翹起，充滿力度與靈巧，與內輪廓形成一種和諧與均衡，可謂堅毅又優雅。弓尖的曲線沒有標準，有的高傲翹首；有的靈巧活潑；有的端正平實；有的輕快流暢，製弓家極力要創造最美的形態。

藝術表現最強烈的則是尾庫，可謂裝飾元素顯著的一塊工藝品。試想在這細小的琴弓上飾著金線銀絲的線圈，有金銀配件的雕花，或鑲嵌法式百合、盾牌、玫瑰等圖飾。象牙、玳瑁殼、貝母片、鯨鬚、蟒皮、馬尾毛及柏南布科木等珍貴材料以最精巧的手藝鑲嵌雕製，細膩入微，如同珠寶工藝品般珍貴。

若只是為實用，不須選用如此珍稀之物。現代弓的這種精緻與華麗有其時代背景，它發展於老圖特與其子法朗梭·圖特，正是十八世紀的洛可可時代。洛可可風顯示了奢華的社會風氣，當時藝術創作增添不少異國風情，又保留了巴洛克複雜的形象和精細圖畫。琴弓上鑲飾的象牙、玳瑁殼、貝母片、鯨鬚及蟒皮等流露的異國風情，正是洛可可藝術

風格的特徵。琴弓工藝不僅是洛可可的精巧表現，
更是嫻熟精湛所淬鍊的手工藝成果。

運弓的藝術表達

　　同一支小提琴使用不同的弓來演奏，發出的聲
音也會明顯地不同。優質的弓在演奏連弓時，運弓
平穩，不論快或慢，弓毛如磁吸在琴弦上，微小的
力度都易於控制。極弱音毫不費力地流洩，每個音
符皆能吻合演奏者的表達慾望。一支好的弓演奏跳
弓時，輕巧靈活，點滴分明，發音結實。

　　弓對提琴的音色很重要，不是任何琴弓演奏都
會發出同樣的音色。每支弓都有其獨特性，一支好
弓就像歌唱家的喉舌，可隨心所欲地抒發自己的情
緒。一支好弓能表達提琴的溫柔，如在耳畔輕拂過
的微風，也可以變為詼諧輕快，瞬間轉為爆發的雷
鳴。好的琴弓猶如手臂的延伸，琴弓和肌肉及神經
能聯繫緊密，操作起來才能隨心所欲，舉重若輕。
琴弓運作的最高境界，就是讓聽覺與想像融合為一。

Chapter 3　　　　　　　　　　弓毛與松香

　　在演奏提琴時，若琴弓和提琴要天衣無縫的演出，還須要注意兩項不可或缺的元素：弓毛與松香。

弓毛

　　提琴弓毛所使用的是馬尾毛，馬尾毛結構特殊，表面有極細微的鱗片鉤狀槽溝，只在顯微鏡下才能看見。這種鱗片就是馬尾毛能夠發聲的關鍵，馬尾毛的鱗片極其細微，無法由合成纖維所取代。

　　小提琴的弓毛在一百五十至一百八十根之間，約有五公克重，大提琴為二百至二百三十根。也許有人認為，較多的弓毛可容許斷毛量，較為經久耐用，也希望弓毛愈多，音量能夠愈大。但事實上卻正好相反，弓毛太多恐塞不進弓尖與尾庫凹槽，勉強用力壓擠，會傷害琴弓。而過多弓

毛反使琴音粗礪壞死，所以還是
適量為宜。

馬尾毛的品質受許多因素的
影響，例如產地、性別、馬齡與
健康狀態等。公馬的尾毛較母馬
品質好，因為母尾毛長期受尿液
濺溼，多少受到腐蝕傷害。用於
大提琴與低音提琴的弓毛，至少
要用十歲以上的馬，才有七十公
分長的馬尾毛。而中、小提琴的
弓較長，至少要用十五歲以上的
馬，才有八十公分長的馬尾毛。
白色的馬尾毛事實上是很稀少
的，在各種馬中，尾毛白色或米
色的不到百分之五，褐色約百分
之十，黑色約佔百分之五十，混
合色約百分之三十五。

圖特認為法國馬尾毛最好，
俄羅斯的亦佳。而英國馬毛廠商
認為美國或加拿大的最為強韌，

顯微照相下弓毛，可見細微的鱗片。

中國廠商則說，東蒙古比西蒙古
馬尾毛粗糙堅韌。不過，寒帶地
區的馬尾毛較為粗韌，是大家一
致公認的。白色與黑色馬尾毛性
質相同，但大、中、小提琴皆採
用白色馬尾毛，只因白毛美觀。
而低音提琴用黑色毛，也只是慣
例，現已有更多的低音提琴家選
用白色馬毛。

馬尾毛的處理

無論如何，現今市場上弓毛
的最大宗，來自於中國。臨近蒙
古的河北省安平縣，自古即有馬
毛產業，而被稱為「鬃尾之鄉」。
此地生產各式鬃毛產品，包括提

提琴弓所使用的白馬尾毛與黑馬尾毛。

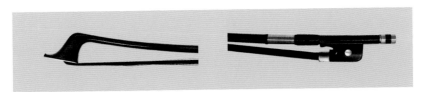

低音提琴慣例上使用黑色馬尾毛，路易斯·巴尚（Charles Louis Bazin）低音提琴弓，
1935 年製，周春祥收藏。

琴用弓毛。安平縣廠家的毛料除了購自蒙古，還由西伯利亞、加拿大與阿根廷等地進口。

通常每年在三、四月時採收馬尾毛，剪長留短，匯集至處理廠。馬尾毛原料非常髒臭，需反覆清洗消毒，才能成為乾淨適用的弓毛。在處理時先用八十度的熱水加上清潔劑，用木棍敲搗去污。溫度不宜過高，否則會破壞毛質。之後用冷水沖洗五次，在太陽下曬乾，接下來要做梳理分類的工作。先逐一拉出，把頭尾對正，再以長短、顏色分類，最後淘汰缺陷毛。這些梳理的工作都是細膩手工，耗時又費力的勞力密集工作。

原始的馬毛粗細長短不等，其橫截面除了圓形之外，也有扁平、方形或三角形。外觀上可能有糾結、波浪捲曲或斷裂狀，每根馬尾毛的長度、拉力或顏色等特性也參差不齊。那些有問題的毛會被逐一挑出，因此良好的尾毛其實所剩不多。弓毛對於濕度是很敏感的，弓毛在潮濕氣候下膨脹伸長，於歐美乾燥的氣候會自然縮短。弓毛不能存放太久，尤其在乾燥環境下，將會快速蒸發水份，使弓毛易於脆斷。

所以原始的馬尾毛必須經過清洗、消毒、梳整及挑選的過程，淘汰品質不良者。選出的堪用品再細分等級，不同等級，價錢自是有異。在所有毛中品質好的，僅有百分之十，可用於上等高級弓者，不到百分之五。從前法蘭梭‧圖特的女兒就是幫父親挑選並且整理弓毛的專人。

尾毛的選擇

最高級的馬尾毛採自北方公馬，外觀上呈圓筒狀，頭尾粗細均勻等長，顏色勻稱而未經漂白。毛質堅韌拉力強，易於伸展而不斷。這些特質，也就是上好弓毛的條件。現在弓毛品質最大的問題就是漂白，因為原始尾毛色澤不均，純白毛馬尾毛太少。雖然大家都知，漂白藥水會傷害弓毛，使弓毛失去強度，不耐久用。但是利之所趨，有些不肖廠商會摻配漂白毛在純白毛裡。製弓師與演奏家一時不察，實難發現，所以找尋優良馬尾毛困難度高。一位對馬尾毛有研究的製弓師就說，除非換過千支弓毛，才知道應如何選擇弓毛。既然弓毛選擇不易，只好挑選有信譽的經銷商，以確保品質。

現市場上的弓毛，公母馬的毛是混合的，有的會分產地，如蒙古、西伯利亞或加拿大。市場上最主要的分類是長度，分別有九十、八十五及七十五公三種，長度愈長者愈貴，夾帶的短毛細毛也較少，安裝弓毛時，也較有容裕可剪掉尾端尖細部份。所以優良的製弓師通常會選擇較長規格。

更換弓毛的時機與注意事項

弓毛使用日久會耗損，因而需要換弓毛。每人更換弓毛的頻率不一，有人幾年未曾換過，也有演奏家使用幾週隨即更換。

換弓毛的時機端視以下幾種現象，例如發現弓毛折損太多，發音較從前微弱，或斷毛集中一側，致使弓桿拉力不均，危害弓桿的正直度時。還有弓毛太髒，弓毛滑溜無法有效地咬合琴弦，

甚至發聲破音時。又或弓毛若意
外沾染油膩，用酒精清洗無效
時。還有一種情況，是溫濕度變
化大的季節，尾鈕轉到極限也無
法拉緊弓毛時，也必須更換弓
毛，否則無法正常演奏。硬弓較
軟弓對弓毛的拉力大，換弓毛的
頻率自然也增加。

演奏者換了弓毛，需暫時適
應些微改變，例如尾庫位置可稍
前移或後移。新弓毛演奏的聲音
較尖銳粗礪，對於高敏感度耳朵
的人是一大痛苦，但經過二天至
一星期的使用，聲音會逐漸趨於
正常。

製弓師剪下弓毛，準備安裝。

因鱗片逆向時磨擦力較大，
音量大；反之鱗片順向的情況，
磨擦力較小，聲音弱。為求上下
弓磨擦力的均衡，弓毛安裝宜順
向與逆向各半。但也有人認為上

上海樂器展上攤商販售的弓毛。

義大利製弓家 Lucchi 的製弓工作室。

弓乏力，需要磨擦力大的弓毛，所以全部採用鱗片逆向。換弓毛時，最好向修弓師提出個別的需求，以免行非所欲。

換弓毛的最大缺失，在於新換弓毛過短，即使放鬆弓桿亦未能全幅放鬆，使弓桿在長期張力下喪失彈性。或是新弓毛沒梳成平整扁帶狀，弓毛拉力偏向一側，使弓桿變形扭曲。因為琴弓脆弱，換弓毛時必須小心翼翼，不要傷害到弓尖與尾庫凹槽，以損害尾庫零件。以上問題在於修弓師的技術，但演奏家本身也要仔細驗收檢查，若有缺失，立即提出修正。有細心的演奏家，還特地選住家附近的修弓師更換弓毛，以其潮濕度類似居家環境，以免回家後弓毛伸縮幅度變化過大。

其實太頻繁地換弓毛對於名弓是一大損傷，應儘量予以避免。減少換弓毛的基本因素在馬尾毛的品質、換弓毛的技術及演奏家本身的維護保養。演奏家平常要注意的是，太乾燥的環境易使弓毛斷裂，儲存不佳會產生弓毛蟲的啃食的現象，尾庫鬆弛易造成弓桿彎曲，致使弓毛斷裂。

合成弓毛與再生弓毛

雖然人造的合成弓毛遠不及天然弓毛，但在人工與馬毛價錢節節高昇的情況下，合成弓毛的技術也有精進，有些被採用於低檔琴弓。據廠商宣稱，合成的弓毛有不怕蟲咬、不怕溫濕度變化與不致引發過敏的優點。但天然馬毛即使再貴也只佔昂貴琴弓的一小比例，所以製弓師與音樂家還是喜歡選擇天然馬毛。

由於弓毛材料所費不貲，有不肖的修弓師回收舊弓毛，再使用於便宜小一號琴弓，例如四分之四弓毛用於四分之三的琴弓。他們取下舊弓毛後，於溫水中浸泡，掛起來以牙刷沾取肥皂刷洗，即可去除污垢，並且溶化弓毛上的舊松香。

松香

松香是提琴演奏所不可或缺的，沒有塗抹松香，琴弓便拉不出聲響。松香只是一種介質，並不能夠增進演奏技巧，對於音色的影響也極其細微，但松香使用不當，卻會不利於演奏。也有松香的擁護者，認為松香是音色的關鍵，不存在太貴的松香。仔細探究，選擇絕對令人滿意的松香其實並不容易，它涉及到提琴、弓弦及演奏技巧間的互動。理想的松香不要太黏，粉塵也不要過多。

松香（Rosin）也稱「克勒芬」（Colophony），因為最好的松樹脂產於古名克勒芬（Colophon），一個位於土耳其西部小亞細亞地區的城市。松香塊取自於松樹脂，再與雲杉、冷杉等樹脂混合加熱，在蒸餾過程中，去除會傷害提琴面漆的油脂，松節油。純松香太脆，容易產生粗糙聲，需摻配油脂以軟化磨擦力，加鹼溶劑以中和其酸質，或是其他元素產生質地互異的松香。最後溶液倒入模具中冷卻，冷卻速度要緩慢，以避免碎裂及添加物的分離。松香塊製作簡單，除了知名的大廠牌外，有些個人工作坊或製弓家也在生產。其主要差異在於混合的內容與添加元素，各家廠商有自己的配方。

松香的基本性質其實就是

黏性，松香黏性影響了弓弦間的咬合。黏性大者質軟，附著於弓毛之粉末也多，造成結焦，運弓時容易滑動，太黏滑易生出噪音，導致音色異常。初學者常塗抹過多的松香，爾後發現音色不佳，卻又再塗抹更多，恰好適得其反。高音琴弦如小提琴與中提琴，適用黏性低且硬度高的松香；而低音琴弦如大提琴與低音提琴，才適用黏性大而硬度軟的松香。

松香的分類

早期松香塊的性質可從顏色區分，顏色從琥珀色、暗紅色至暗墨色。琥珀色者本質硬脆，較易產生粉塵。而暗墨色者本質軟，黏性大。在天然原始情況下，松香顏色取決於松脂採收的季節。琥珀色者，係採收於晚冬至早春；暗墨色者，採收於夏秋。

可說顏色關係到松香特性，是松香的基本分類法。但現今有廠商把松香做成透明或染成各種色澤，就超出原本的分類了。

松香的等級可分成學生級與專業級兩種。學生等級的松香價格低廉，硬脆易有粉末產生，演奏聲音粗礪有力，適合初學者及節慶遊園會上使用，常做成盒狀。專業級的松香價昂，其純度高，稍軟，粉塵少，演奏上較易操控聲響，適合演奏古典音樂，常做成圓型糕餅狀。

近年來有公司在松香配方裡添加昂貴的材料，如金、銀、鉛、銅等元素，增加介質確會影響弓毛的咬合，創造出不同的音響效果。據說含金元素的金松香，可產生溫暖清晰的音色，軟化粗礪聲，適用於大、中、小提琴。含

各式不同廠牌的松香。

松香也稱「克勒芬」（Colophony），因為最好的松樹脂產於此地。

松香的基本性質就是黏性，影響弓弦間的咬合。

銀元素的銀松香，可創造明亮集中的音色，適於高音階的弦，也就是中、小提琴。含鉛元素的鉛松香質軟，可加強音色的溫暖清晰度。含銅元素的銅松香，適初學者 1/2、3/4 的提琴，可產生天鵝絨般的溫暖度。

使用含金屬之松香時，粉塵飄落琴面，金屬粉也隨之黏附琴漆面上。演奏完欲擦拭清潔時，金屬粉恐成研磨介質，在軟布與琴面間擦拭，導致傷害琴漆。這時必須用軟布輕擦，避免傷害琴面。鉛元素是毒物，鉛粉隨拉琴運弓飄揚在空氣中，吸入肺部或沾在皮膚，都會危害健康，不用為宜。

少數人對松香過敏而出現紅疹、頭痛或鼻塞等症狀，可選用防敏松香，這種松香過濾掉松香的致敏元素，並且減少松香粉塵的產生。

松香的使用

松香的使用是儘量地少，足夠就好。塗抹松香時速度宜慢，避免快速生熱而使松香軟化結焦。松香過多時，弓毛易生油膩，反而咬不住琴弦，使琴音嘈雜。倘若一天練習二小時，開始只要來回平順地塗刷二、三回，在弓尖，運弓較使不上力，可再多塗一下。擦松香係以琴弓塗磨松香塊，應該持弓在上松香在下，避免松香粉掉落弓桿。

全新的松香塊表面光滑，不易沾染弓毛，可用砂紙磨一下松香，使之表面粗糙，即易於塗抹。此外，一支新換毛的弓也不易上松香，可用刀刮些松香粉在紙上，以弓上粉下的角度沾松香

粉，松香粉就可以上新弓毛了。之後擦松香塊，稍微演奏，由弓毛顏色觀察較欠缺松香的部位，再予以重點補塗，使松香逐漸滲入弓毛。不同牌子的松香，其配方有異，也可能有不相容的特性，而產生滑溜現象，最好持續使用同一廠牌的松香。有些細心的人，在換弓毛時，會提供師傅自己的松香，以便首擦及日後皆用同一松香。

由於松香在高溫高濕容易軟化，低溫乾燥時會變硬。針對這種松香的特性，細心的演奏家會視天氣而改用松香，夏季時宜採用淡色硬質者，避免黏性太高，冬天則改用深色稍軟的松香塊。但事實上以台灣的溫濕度，整年差距不算太大，不必考慮因季節換用松香。不似歐美冬季低到零度以下，夏季也高到三十八度，這種溫差才有換松香的考慮。

提琴演奏時松香粉屑飛揚，容易沾黏琴面及琴弓，使琴弓表面產生油膩感，加上沾染灰塵，長久不易清除。所以每次演奏完，必須立即用軟布擦拭提琴及弓桿，以便清除松香粉屑。

松香顏色取決於松脂採收的季節。琥珀色者，採收於晚冬至早春；暗墨色者，採收於夏秋。

含金元素的金松香可產生溫暖清晰的音
色。

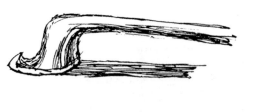

Chapter 4　　　　　　琴弓與弓法

　　琴弓被稱為「提琴的靈魂」，
因為演奏家精湛美妙的運弓，使
提琴得以展現各種旋律與音色變
化。提琴的演奏，無論是靜態的
持弓或動態的運弓，及婉轉悠
揚的弓法，都與琴弓結構息息相
關。了解各式持弓法，可更加充
分掌握持弓的原理，對於演奏有
很大助益。

古代持弓法

　　為因應琴弓型態及演奏技
巧所需，早期有法式與義式持弓
法。十六、十七世紀時，提琴作
為舞會或慶典的伴奏樂器，因為
只需簡短的音樂段落，用的是一
種短弓，以法式持弓法來演奏。

法式持弓法，傑瑞特·道（Gerard Dou）自畫像版畫，1665 年繪。

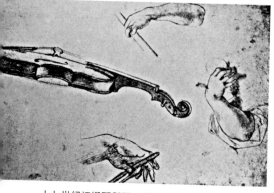

十七世紀初提琴與琴弓的握持法，卡拉齊
（Lodovico Caracci）繪。

它是將大姆指置於弓毛下方，另
三個手指放在弓桿，以姆指來調
整弓毛張力。

　　隨著提琴音樂的發展，義大
利人譜寫提琴奏鳴曲，發展出長
弓，適於演奏悠揚的旋律性。其
持弓法係將四個手指放在弓上，
大姆指不碰弓毛。因此十七世紀
之前的短弓在義大利逐漸沒落，
而在法國，直到 1725 年才消失。
小提琴琴弓的型式直到十八世紀
中葉仍未統一，實際使用上是長
短弓並行，有演奏奏鳴曲的長弓
與伴奏舞曲的短弓。義大利的奏
鳴曲逐漸普及之後，長弓與義式
持弓法遂成主流，法式持弓法因
此被義式取而代之。

　　此後這種義式持弓法繼續不
斷地改進，1751 年杰米尼亞尼
（Francesco Geminiani，1687-

杰米尼亞尼（Francesco Geminiani）
提出以四隻手指抓住接近尾庫弓桿，姆
指置於弓桿與弓毛間，波登（David D.
Boyden）繪。

1762）提出以四隻手指抓住接近尾庫的弓桿上，姆指置於弓桿與弓毛之間，食指是音量主要影響者，用食指第一關節置於桿上，以控制音強弱。1756 年，音樂神童阿瑪迪斯・莫札特的父親，知名小提琴家雷歐波德・莫札特（Leopold Mozart, 1719-1787）發表了流傳千古的提琴名著《小提琴演奏教程》（Versuch einer gründlichen

Violinschule）。他主張食指不要伸得太直太遠，要接近中指，避免手指神經緊繃而僵硬。小指則置於桿上，以控制弓桿的輕重力道。他還提到，整個肩膀手臂應儘量放輕鬆，著重手腕的扭動來運弓。書中以插圖分別示範持弓法、肩膀手臂及食指適當的姿態。像老莫札特那麼早年代的持弓法，與現代的持弓法已相去不遠。

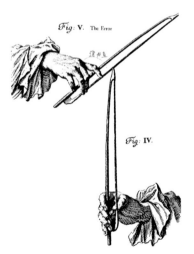

雷歐波德・莫札特《小提琴演奏教程》插圖，書中所示持弓法，主張食指不要伸得太直太遠。

雷歐波德・莫札特《小提琴演奏教程》插圖，書中所示演奏時將琴夾於下巴。

其 後 菲 爾 斯 (Joseph-Barnabé Saint-Sevin dit L'Abbé le fils, 1727-1803) 則主張手指抓在尾庫上，以強化運弓力度。小 提 琴 家 帕 格 尼 尼 (Niccolò Paganini, 1782-1840) 魔鬼般出神入化的琴技，他的持弓是抓在接近尾庫的弓桿上，使他能靈敏自在地表演拋弓 (thrown) 的動作，但這樣持弓的缺點，是發音不夠飽滿。

近代持弓法

到了近代發展出三種持弓法，各自有鮮明的特色與音樂風格，而有不同擁戴的演奏名家，分別是德國派、俄羅斯派和法比派持弓法。現今法比派較受推崇，被許多提琴教材所採用。但是法比派持弓法並非全然完善，因此另外兩種弓法至今，都存有擁護者。

低音提琴的持弓法：左為法式；右為德式。

德國派持弓法

德國派持弓法是較早且自然的持弓法，以小提琴家姚阿幸 (Joseph Joachim, 1831-1907) 為代表性人物。其特點是對弓桿的控制力，各手指離尾庫稍遠，只握在弓桿上，不控制尾庫，因此持弓手指係並攏地淺持弓。其優點為靈活地掌握弓桿，動作輕鬆，易於上手，因此可說是最適合初學者使用的持弓法。但因不控制尾庫，所以平衡度和穩定性欠佳，弓毛不能夠拉得太緊，不利於施壓演奏。

德國派持弓法是較早且自然的持弓法，以小提琴家姚阿幸（Joseph Joachim）為代表。

俄羅斯派持弓法

俄羅斯派持弓法是針對德國派持弓法的弱點予以改進，加強對尾庫的控制掌握，強調食指協助拇指加強琴弓的施力。其持弓法係各手指接近尾庫，持弓較深，同時控制弓桿和尾庫，食指勾住弓桿，拇指的一部分頂在尾庫的過橋，中指和無名指移到尾庫處，弓毛較鬆。其優點為拇指、中指都能緊握尾庫，所以平衡度和穩定性甚佳，同時食指因為勾住弓桿，可協同拇指對弓桿施加強大的壓力。但這也是個缺點，因為食指勾住弓桿，持弓又較深，以致手指不便靈活快速地運弓。

俄羅斯派主張高舉上臂持弓，透過手臂重量來提高弓壓，最富代表性的名家便是海飛茲（Jascha Heifetz, 1901-1987），此即他之所以能夠擁有洪亮音響的主要關鍵。這種持弓方式實際上極易造成右肩的僵硬，但是他控制得宜，將此負擔化為優勢。相形之下，曼紐因早年也是如此拉法，卻造成肌肉永久性的損傷。小提琴家中不乏上臂持弓者，一樣系出奧爾門下的埃爾曼（Mischa Elman, 1891-1967）亦是音響洪亮，色彩豐富。他運弓多使用上臂，運動靈巧，早年音色流露無比纖細的特質。

波蘭小提琴家胡博曼（Bronislaw Huberman, 1882-1947）其弓壓之高，可謂冠絕古今，但是他使用下臂持弓，一樣能在演奏廳裡，將極弱的柔美音色傳到二樓上去。

海飛茲高舉上臂持弓，透過手臂重量提高弓壓，以獲得洪亮音響。

波蘭小提琴家胡博曼（Bronislaw Huberman）使用下臂持弓，其弓壓之高，冠絕古今。

法比派持弓法

法比派持弓法也是德國派持弓法的改良,加強尾庫控制,又強調食指的靈活性。其特點為各手指接近尾庫,同時掌握弓桿和尾庫,持弓不淺也不深,食指搭在弓桿上而不勾住,拇指的一部分頂在尾庫的過橋,中指、無名指和小指相應移到尾庫處。在這方法下,各手指持弓深淺適中,運弓較為靈活。因為拇指、中指和無名指都能控制到尾庫,所以平衡度和穩定性較佳。但因食指、中指和無名指都沒有勾住弓桿,所以不能對琴弓施加太大壓力。

法比派因持弓角度,在運弓過程中,弓桿習慣性地偏向一側,弓不能正立,彈性就發揮不出來,有時會有錯覺是弓的品質不好,因此對於弓的質量要求

相對較高。因為弓毛偏向一邊,弓毛要繃得較緊,否則弓桿很容易觸碰琴弦,而產生噪音。相對於俄派多運用上臂運動,法比派更多是運用手指小關節來控制弓弦的角度與力度,以手臂來傳輸力量,而非以手臂角度來調整力量。法比派偏重音色的細緻,追求純淨明亮及換弓時的銜接無痕。

其實持弓法也是因應琴弓型態所需而變,也就是不同型態的琴弓,影響到不同的持弓法。被淘汰的舊世紀持弓法其實並非拙劣,若演奏家拿巴洛克弓用現代持弓法來演奏,可能會發出不堪入耳的粗礪聲。反之拿現代弓用巴洛克時代持弓法來演奏,發出的琴音將會微弱無力。其實弓法也並不一定要限定於某一特定身體位置,而是依據個別生理條件

小提琴家曼紐因是法比派的代表性演奏家之一。

和所需音效來做靈活應對調節，這也是增進音色變化的密訣。

至於低音提琴，則有不同的持弓系統。至今仍使用兩種弓，一種是德式弓，有較久的歷史，保留了維爾琴（Viol）掌心向上，用手握住弓桿下面的扣手，有很寬的扣手。另一種是法國弓，持弓法與小提琴相似，掌心向下。法國式持弓法受有「低音提琴帕格尼尼」之稱的喬瓦尼·博泰西尼（Giovanni Bottesini, 1821-1889）所採用，之後廣為流傳。

運弓與表現
巴洛克弓運弓

巴洛克弓雖有許多不足的地方，如弧度關係、重心在後、上弓乏力及下弓才有力。巴洛克弓的弓尖較輕，當拉弓至弓尖段時，必須用力壓，否則聲音自動削弱，所以其演奏運弓較為費力。圖特之前的琴弓，欠缺箍環而無法使弓毛扁平，缺乏有力的起奏能力，因此不能展現突強重音。若想起重音而用力拉，將會造成粗礪的磨擦聲。巴洛克弓不能演奏槌弓（Martelé），圓滑奏（Legato）的無聲換弓也困難，雖然可拉奏分解和弦，但是琶音的效果並不好。巴洛克弓的反應較慢，導致每個行程的起音過軟，直到起動之後，再使用食指施力，才能創造漸強音量的效果。但巴洛克弓正可表現音色的曲折變化，有古樸之風。

巴洛克時代的塔替尼（Giuseppe Tartini, 1692-1770）極為強調弓法及音樂性。他認為，右手的運弓技巧要先練好，發出的琴音立顯生動，才能表達提琴音樂的色彩。在那提琴模仿

人聲的時代，塔替尼有句名言：「唯有能夠歌唱優美的人，才能奏出悅耳的琴音。」這正是他對小提琴音樂的期許，並且對同時代琴弓深感力有不足之憾。

現代弓運弓

克拉默弓的反彎弧度，是

巴洛克時代的塔替尼（Giuseppe Tartini）極為強調弓法及音樂性。

現代弓的特性。在那個時代，海頓、莫札特音樂中的輕快跳躍（Bouncing）旋律，由適時出現反彎的克拉默弓與圖特弓的彈性才能演奏。

1780 年圖特現代弓發展出來，反彎的弓桿更加修長，彈性好，弓毛更多而寬扁，大大地影響了弓法技術，許多新穎的弓法亦被創造出來。圖特現代弓的整個音程可以很平均，上弓與下弓產生同樣強度與音量，起音也能立即發出突強的重音。突強重音（Sforzando）及突快強奏（Saccade）在圓滑音中突然出現強烈重量，表現急劇的能量效果，亦是現代弓發明之後才有，巴洛克弓則力有未逮。若用巴洛克弓在起弓時急速施壓，會產生粗礪琴聲，所以琴弓的改良使提琴能夠展現最好的音量與音色。

巴洛克時代的音樂家假如想表現慢圓滑奏（Legato Slow），他們最多只能達到連音（Slurs）的效果。但因圖特現代弓的增長，使連結音能演奏更多的音符，奏出彷彿無盡頭的圓滑奏。圖特現代弓更適合演奏緩慢的圓滑奏，可謂最大優勢，所以十八世紀末，出現大量圓滑奏的旋律。

以弓尖段敲弦的槌弓（Martelé）是圖特現代弓才足以表現，這種弓法在 1800 年前並不存在，因為巴洛克弓尖太輕，根本無法施力。在現代弓的使用下，斷奏（Staccato）能奏出漸強漸弱，也在全弓運行中產生平均的音程。拋弓（Thrown）、飛躍斷奏（Flying staccato）、跳弓（Spiccato）、自然跳弓（Sautille）及連續跳弓都是新的

技術。鞭弓（Fouetté）是用弓尖段以下弓音程鞭打琴弦，表現快節奏重音節的表情，這些技巧都由於圖特弓的彈性及緊拉的弓毛，才成為可能。

因此圖特的現代弓完全滿足了十九世紀以來古典與浪漫派音樂的風格。有圖特現代弓的箍環，弓毛可以精巧地鋪成扁平束狀。在運弓時，若用扁束的一邊拉琴，只有幾根弓毛磨擦琴弦，發出微弱的聲響，正可表現音樂中纖細的旋律。若整個弓毛的寬度壓在琴弦，則發出強而重的音量，所以毛束成扁平狀，可以很細膩地表現聲音的輕重強弱，增添音樂豐富的變化性，對於運弓有很大的創意。

Chapter 5　琴弓的評鑒與選購

優良琴弓的條件

　　音樂家演奏時，注意力放在詮釋樂曲上，演奏家琴弓在手，心手一致，弓手一體，也幾乎遺忘了琴弓的存在，這才是演奏追求的極致。雖然每支提琴的結構不同，適合的琴弓也不一樣，每個人的手力與臂長也有所不同，所以沒有人對琴弓有相同的反應與敏感度。但優良琴弓還是有幾個基本條件，例如抗彎強度好、富有彈性、重量合宜、理想的重量分佈、平衡點位置適中及操作靈活等。

　　除了以上實用的條件，琴弓選擇還有多方面的考量，因為琴弓價值還有歷史性、藝術性、名家傑作及可奏性等因素。古董弓除其年份稀有性之外，老化的木材具有運弓靈敏及音響優越的反

應性。名家傑作即是琴弓身份的價值，也是品質優良的保證，具有保值與增值性。琴弓乃因其精緻工藝及鑲嵌，值得欣賞收藏。無論如何，名弓是人類歷史的遺產，擁有一支良弓，是每位演奏家所夢寐以求。至於琴弓的選購，終歸是預算與價錢問題，因為東西的品質與價錢成正比。而且良弓難求，音樂家普遍認為，在市場上可以找到不少好琴，但是好弓卻是稀少。

琴弓的可奏性是非常重要的，「可奏性」即是運弓的演奏機能。不論古董或是名家精品，總希望有其實用功能，音色精鍊，操控自如。每個音樂家都有其偏好，選購時最好能夠多試幾支。

整體說來，優良琴弓有以下具體特質：

1. 琴弓重量：輕弓雖然操作靈敏，但是琴弓若是太輕，則拉不出聲響，有不受力及易於搖擺不定的缺點。一般而言，寧可選擇稍重而不取過輕的弓。

2. 重量均衡：使用弓尖、中弓及弓根都可靈活操作。一支重量均衡的弓，在演奏時是不覺重的。若是弓尖太重，雖可輕易產生較強音量，但是提弓時有重量感，久之則食指痠痛。若弓尖太輕，演奏時右食指長時間地壓弓，也會感到痠疲。

3. 軟硬彈性：弓的軟硬彈性影響著琴音高低強弱的表現，也涉及跳弓及和弦的演奏能力，與運弓操控性大有關係。

4. 便於握持：弓桿粗細與尾庫的厚薄大小，便於持弓。

5. 工藝性：良弓製作精優美，弓桿弧度流利，校直度好，尾庫貼緊弓桿，旋鈕緊密且扭轉滑順。

琴弓的檢驗

我們瞭解良弓的特性，也該知道該如何來檢驗那些重點，通常可使用靜態與動態的評鑑方法。

琴弓的靜態評鑑：

1. 檢查重量及平衡點。

2. 弓桿弧度的流利度。

3. 以射擊姿態檢查弓尖、弓桿及尾庫校直度。

4. 將螺栓轉緊到底，檢查弓桿是否扭曲。

5. 尾庫是否貼緊弓桿，旋鈕緊密桿尾端。

6. 螺桿扭轉是否滑順。

7. 桿尾八角稜柱部份各角及平面明晰整齊。

8. 尾庫放拇指處的磨損痕跡。

9. 用放大鏡檢查各處裂痕及修復痕跡。

10. 以弓毛在左手上輕敲，以測試弓的彈性。

琴弓的動態評鑑

琴弓評鑑應嘗試動態拉奏，以感覺其功能。資深的演奏家會用熟悉的樂曲片段來測試。一般人至少拉奏幾個分弓、連弓、跳弓及和弦。試奏時可按不同速度，以不同音量來試奏，好弓即使在狂暴拉奏下，弓身依然穩健。

要分別使用弓尖、中段及弓根來測試，避免試奏範圍有限。琴弓在這三段區域的性能有所不同，要體驗其精微之感。前段主要是感覺弓毛黏著程度，拉到最前端以不需特別用力，中段是測驗弓桿的彈性反撓度，後段可測知弓桿向下拉奏的效果。

試音量是希望知道可任意表現的強弱，不用擔心拉輕慢時，發出的聲音太虛。

測跳弓是為了知道弓桿的彈跳能力，除了自然彈跳點外，弓尖、中弓及弓根都測試跳弓能力。此跳速可快可慢，可在很短弓毛的距離拉出聲音為宜。

拉和弦也是琴弓的基本能力，可試拉三音或四音和弦，巴哈 d 小調夏康舞曲是最好的和弦試奏選曲目。但弓桿在跳弓與和弦的能力是相對的，無法兩者兼得。端看購買者欲選中庸、專長跳弓或和弦之弓。

琴弓的軟硬彈性反應在弓毛張力上，這影響到低音到高音的表現。太軟的弓，其弓毛張力不夠，雖有利於高音弦，卻無法有效地拉出低音弦。反之太硬的弓，其弓毛張力太強，雖適低音弦，但高音弦則效果不佳。若弓的彈性適當，低音到高音皆能輕鬆表達，且在跳弓演奏上，層次分明，音色乾淨。硬弓較易表現跳弓效果；軟弓在跳弓時不穩定，容易兩側擺動。

製弓比賽的評鑑標準

　　美國提琴協會的琴弓比賽，將琴弓的評鑑分成六項，總分一百，由此可知專家眼中好弓的標準。

1. 弓桿十五分：包括桿面、粗細、弧度、校直度及尾庫之凹槽。

2. 弓尖八分：包括優美精緻、比例及凹槽。

3. 尾庫及旋鈕十五分：包括尺寸比例、表面精細、尾庫與弓桿的貼合度、尾庫與弓尖校直及旋鈕密合度。

4. 演奏性十四分：總體感的弧度、體型、弓尖與尾庫高度、弓桿平衡及木料選擇。

5. 完工八分：包括面漆、弓毛及抓弦力。

6. 整體印象四十分：創意性、質感、優雅感、整體風格及藝術性。

選好琴弓

　　在交易市場上，琴弓可分為下列幾種：

1. **製弓師手工弓**：製弓師工作室的全手工琴弓，全弓所有製程包括尾庫都自行製作，名家弓之屬。這種真正的手工製弓，一個月僅生產一或二支，價格甚為昂貴。

2. **個人工作室量產弓**：製弓師個人小作坊的量產弓，因為琴弓製作不同於提琴，個人工作室也可以量產有如工廠，

除了購買尾庫套件來組裝外，通常製弓師個人總包所有其他製程，如烘彎弓桿、削製弓桿、削製弓尖、挖凹槽、裝零件、上漆及裝弓毛，一個月產量可達二十支弓。製弓師也可參加提琴展，大量接單，價格低廉如工廠弓。

3. **工廠弓**：琴弓工廠的技師多達百人，有效率地專業分工。除了貼上自己標籤，也為人代工，烙上別人的品牌。像法國維堯姆雖然本身是知名製琴家，但也僱用許多優良製弓師幫他生產，卻是貼上維堯姆的商標。

4. **名家贗品弓**：烙印名家的弓有許多是仿冒贗品，愈有名的弓，愈有人仿冒，所以琴弓的標籤名牌不可儘信。反

而最有名的法蘭梭·圖特琴弓是沒打標籤的。

5. **仿古弓**：模仿早期名家弓，弓桿表面故意磨損，面漆模仿古舊，有如充滿歲月痕跡的古弓。這些仿古弓，若琴商以接近新弓價格銷售，則不算欺騙，若以名家古弓高價求售，則屬仿冒贗品。

琴弓的購買與收藏

　一個專業提琴演奏家通常擁有四至五支琴弓，分別用於不同的提琴，或是不同的曲目，選用適合的弓來演奏。琴弓的收藏與購買有幾種考量，一是選擇它的實用功能與演奏性能，另一方面是喜歡它的名氣或精美工藝，還有就是對古董珍品價值的投資。當然，大部份人希望能三者兼俱。

　　因資訊發達之故，名弓愈來愈被重視搜尋，演奏家追求名家老弓，以創造更美的演奏音色。而投資者也看中其投資價值。一般認為琴弓久被忽略，值得長期投資，因此近年來市場熱度大增，價格增幅比提琴高。琴弓是全球性的市場，在國際經濟低迷下，人們四處尋求投資標地時，提琴早被投資者購藏，現在轉而發現琴弓的投資價值。世上名弓有限，國際市場上可謂一弓難求。此外，收藏家考慮到同樣金額下，一支琴可買數支弓，買弓較可分散風險。而且弓的儲存空間小，便於攜帶，所以當今一般認為，琴弓比提琴更具投資價值。

　　名弓的價值不菲，自古以來仿冒贗品多，即使一、二百年前就有德國量產英國製弓名家都德（John Dodd）琴弓，烙印都德標籤。法國名家瓦朗在世時，就有許多德國量產的仿造品，皆烙印上 Voirin 標籤。即使名家的真品琴弓，品質也會有不一致的現象，像英國有名的製弓家塔布斯（James Tubbs），他早期製作短弓，中期才作標準長弓，他又生產不少學生用的低價弓，有些弓桿是扭曲的，還有些弓尖尾不校直的。老弓受損的機率大，購買要特別注意是否為併接，尤其注意弓尖的喉部及尖部是否有裂，弓尖長期在弓毛拉力下，很容易撕裂，併接弓的價值遠低於完整弓。

　　購買時應避免受到琴商影響，在動心買弓前，要先知悉琴弓的結構功能、製作保養及製弓

家行情等，這些知識遠比議價更為重要，有知識也才有當機立斷或慧眼識貨的機會。事實上有錢不怕買不到名弓，所以應視預算而定，選購負擔得起的琴弓，不要匆促決定。

琴弓有如貼身之物，其使用相當地個人化，琴弓購買都是親自上手試奏。演奏家有些重視張力，有些追求平衡，著眼分歧。至於琴弓的重量，絕非是被關切的重點，有人愛輕弓，有人愛重弓，在 5 公克上下皆可接受。但若初學者，買弓的挑選也只能找老師或有經驗的朋友幫忙。

金弓的意義與價值

金弓係其旋鈕、繞線及尾庫的鑲嵌等為黃金材料。金弓的意義不只是零件採用昂貴的黃金飾品，而是頂級琴弓的代表。金弓的首要條件是頂級木料，製弓師只有獲得頂級木料，才會飾以黃金配件做成金弓。也有嚴謹的製弓師，日後認知之前做的某支金弓木料不夠好，而換掉金料改以銀飾的。也有不誠實的製弓師，拿次級木料安裝金飾，當成金弓出售。

在絢麗的誘惑下，琴弓裝飾了金銀等珍貴材料，原本是為精選木料與優越手工所搭配，珍貴難得的木料才是其昂貴價值所在，某些金弓有可能只是純粹裝飾，其索價卻遠超過金銀的附加價值，讓人誤會。金弓極貴，並不在於那一點點黃金所增加的價錢，真正昂貴的是那支頂極木料。

鑒定琴弓的直度，法國製弓師緒拉賀（Arnaud Suard）。

琴弓的鑒定證書

琴弓設計臻於完美，比提琴足足晚上二百年。琴弓有標籤烙印也晚至十八世紀中葉，然而另一個問題是老弓，即使有標籤，卻也沒有註明年代。所以古弓的鑑定家只能按製弓家生涯，估計一個接近的年代。例如圖特弓，假定他生涯中期為巔峰狀態。

鑒定琴弓的尾庫，法國製弓師緒拉賀（Arnaud Suard）。

鑒定琴弓的弓尖，法國製弓師緒拉賀（Arnaud Suard）。

　　大部份琴弓雖有標籤烙印製弓師名字，但是名家的仿冒贗品很多，所以有需要請專家鑑定並且開立證書。早期資訊不發達，會有鑑定繆誤的情形，非頂尖鑑定家也乏公信力，因此高檔名弓的交易常被要求重新鑑定。名弓的價值高昂，專家的鑑定認證，在商業交易上極為重要。

　　而新弓則較無困擾，現代製弓家會提供證書，證明由他本人親製。百年之前弓匠並無這項服務，更早琴弓甚至連標籤都沒有烙印。這種情形視價值而要求鑑定，以確認真偽，但這紙鑑定書又可能所費不貲，一般收取低估價的百分之五。

　　高價法國弓一般認定米蘭（Bernard Millant）或拉紡（J. F. Raffin）的證書，這兩位係當今最具權威的法國弓鑑定家，中價位者紀堯姆（Pierre Guillaume）的證書也可接受。在美國則以查爾茲（Paul Childs）或沙高（Isaac Salchow）的鑑定較為知名。

Chapter 6　　琴弓的製造與保養

造一把好弓

　　琴弓的製造與提琴的製造有著極大差異，琴弓完全不同於提琴。弓的製作主要是需要眼力、高度的耐性與細心。弓的製造要求精密，需要集中心思，必須隨時保持警惕之心。製弓在技術上需要精巧手藝、數學與美學眼力。在技巧上不僅是木工，還有金屬及貝殼片鑲嵌等，每個步驟都要求完美。這種工作的耗力與精密，並非一般木匠的施作，每支琴弓的重量誤差也不能超過 1.5 克，前前後後算起來，製作一支琴弓要經過六十道嚴格繁複的工序。至於提琴製造的重點在於風格，毋須講究這般精密。

　　通常專業的師傅，一次只進行一支弓的製造，從頭做到底，因為每支弓桿都有個別的特質。弓匠製造時銘記心中，以便為這支弓作適時的調整，因此個人工作室的琴弓是逐支製造的，完成一支弓後，才進行下支。

十八世紀上半葉史特拉底瓦里時代，製琴師同時製作提琴與琴弓，到了二十世紀下半葉，法國巴黎與密爾古的製弓師將琴弓藝術推向巔峰，他們不再是兼職，而是專業純粹的製弓家。

在製弓比賽裡，製弓的評比分技術與藝術兩項，其中弓尖、弓桿、馬尾庫、表面處理及演奏功能等為技術分數，占全體的百分之六十，藝術分數占百分之四十。可見得琴弓的藝術性很受重視，就是看這支琴弓能否體現風格及創新的精神。所以一位優秀製弓師總是具有相當的藝術素養，對於藝術有天生的敏銳。高品味的藝術眼界，有賴平常多研習美術、音樂、建築或文學等美的領域。

提琴與琴弓的製造，因為一再重覆同樣的工藝，不太富有變化，師傅在如此長期工作下，容易因疲乏而產生次級品，雖然在功能不受影響，但在美觀上可能有異。

琴弓的製造對業餘人士來說，有難以解決的困難，首先是工具與材料，不是一般商店能夠取得。其次是手藝的熟練度與耐心，許多工作需要多次體驗才能夠做得好，其基本步驟如下：

1. 準備木料

切一扁長形木料，再鋸成長
L型粗胚。

2. 烘製弓桿

在火爐火焰上來回翻轉烘
烤，於桌角施壓，慢慢使木桿線
條變成弧形。在成型過程，必須
經常拿弧度樣板來比對，弧度必
須順暢，也就是流線形不得有直
線段及死角。加熱要確實，使木
桿內部纖維受熱平均，避免內應
力逐漸彈回。

這種內應力即使弓桿不會在
近期內變直，也會在日後變形。
所以經常是週末烘好的弓原，到
下週卻扭曲變形。假如烘烤不
透，弧度會不穩定，若烘烤過度，
則木料的纖維碳化，有害彈性與
強度，喪失抗彎能力。

彎弓桿要用手腕力量，手
臂角度保持一致，若要向前，則
伸展身體，而不伸手臂。進行彎
桿工作時，應同時體會這支弓桿
的材質，感受弓桿的堅硬軟韌，
以便決定成為圓弓或八角弓，另
一方面也據以修正弓桿重心與平
衡。

烘烤弓桿前，厚度宜保留百
分之五餘絀供燒焦損耗。用火焰
烘烤弓桿雖會燒焦桿皮，但切莫
因此而改用蒸氣加熱，因為些微
的濕氣會帶走木桿內顏色，使暗
紅色木桿變成松木般淺淡。即使
是乾燥的火焰，色素仍會少量滲
出，而使得整個手掌因此染紅。

火爐的種類有煤爐、天然氣
或酒精三種，其中煤爐的熱量高
火焰小，天然氣熱量低火焰大，
酒精熱量低火焰小，若弓桿上漆

後尚須烘彎調整,宜使用酒精燈。

3. 弓尖製造

弓尖形狀及弓桿直徑的漸進變化,皆依賴視覺神經的感覺。絕對精準的眼與手,是常年持續施作所培養出來的。製琴製弓有所謂的刀派與銼磨派,用刀削製的功力較為高超,其表面光滑而無磨痕。希爾提琴公司製弓部門的名言即為:「能用刀的,就不要用銼刀。」

削弓尖頸:在弓尖粗胚上先以模板畫出外型,然後以刀削或銼刀修出形狀,弓尖頸的弧度仍以模板校對。

磨弓尖面:這弓尖面稍有弧度,並非平直。

貼黑木片及小白片:貼一片黑檀木薄片是為強化弓尖,並形成堅實的平面,以黏貼裝飾用的白象牙片或金屬片。象牙片的黏貼度較佳,金屬片則差,所以圖特會在金屬片打上二支固尖釘。黑木片及小白片都屬可抽換的護片。

修弓尖的雙側面:待貼好黑木片及小白片後,以小鉋刀修弓尖的雙側面,使其上窄下寬,左右對稱。對於雙側面的前端,又修成漂亮的曲線,其線條要流暢,且生動有力。

挖弓尖的洞穴:用鑽機鑽一圓孔,再用平鑿刀將圓孔擴充成梯形孔。弓尖穴應修到無刀痕,乾淨俐落的程度,不能因為洞穴會被遮住,而不修至美觀。

4. 尾庫製造

製弓師雖然可買修製組合完整的尾庫來安裝，但一位真正的製弓師必須自己製造尾庫，包括銀片、貝殼片、金屬箍及旋栓等配件。國際製弓比賽也是要求尾庫須由製弓師手工製造。事實上師傅自己製造弓桿與尾庫，才能修正琴弓的平衡。

製造尾庫有許多步驟，依序如下：

a 做一個 1.5 毫米深的小平面。
b 在小平面的背面修半圓，以便將半圓圈金屬環套進去。
c 挖凹槽、銀片槽、鑲銀片及安裝貝殼滑片。
d 弓桿尾十四公分長的部份做成八角形，尾庫與弓桿另端的弓尖要對齊校直。

e 黏貼八角的金屬底滑片於尾庫。
g 在弓桿上挖螺絲洞及鑿滑孔。
h 安裝尾庫。
i 安裝八角螺桿。

5. 預裝弓毛

預裝弓毛以便測定弓桿弧度。必須達到弓桿的弧度標準。弓毛放鬆時，直線的弓毛不碰到弓桿，弓毛拉緊下弓桿成直線，也不得左右扭曲。若弓桿的直度與弧度有問題，則須加以烤彎。

預裝弓毛的方法，見琴弓維修章節之弓毛安裝。

6. 修八角桿

以鎊銼或馬尾銼將四角桿削掉四角成八角桿。此工作係在預裝有弓毛的狀態下施工，要先將弓毛拉緊，使桿成直，放在特

木料準備：鋸粗坯。

弓桿烘製：以酒精焰烘烤。

製造弓尖：弓尖修製程序，步驟由右至左。

製造弓尖：弓尖貼上小白片。

製造弓尖：修弓尖面。

製造弓尖：挖弓尖洞槽。

製造尾庫：修製尾庫。

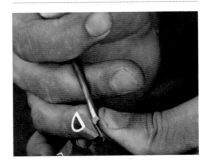

製造尾庫：修金屬箍。

製造尾庫：貝殼片是尾庫的材料。

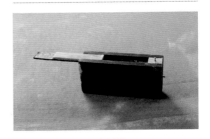

製造尾庫：玳瑁尾庫製造。

製的架上修桿，注意線條平直流利。一面修八角桿，一面秤重量，八角桿的目標是 65 公克。

7. 修圓桿

首先用銼刀削掉八個角，變成十六角桿，再削掉十六角，就變成三十二角桿，最後再以圓鎊磨圓，圓桿的目標是 60 公克。

8. 精修桿尾的八角桿段

無論八角桿或圓桿，保留桿尾十四公分長的部份為八角形，此段須與金屬底滑片密合。

9. 抛光

依次用三百號、六百號、一千二百號及二千號的砂紙打磨。

10. 假安裝

在上漆前，可先按上弓毛，

轉緊螺栓，將弓毛拉緊，以檢驗弓桿彈性及弧度，檢測弓桿拉緊後有否歪扭，若發現有缺失，尚可加以修正。

11. 上漆

琴弓只做法蘭西抛光即可，即用一小塊不掉棉毛的布，輕沾亞麻仁油，再沾漆料（蟲膠泡酒精）在弓桿擦拭，半天擦一次，總共擦三次。若木料過於淺黃，可先用暗色染料擦拭。

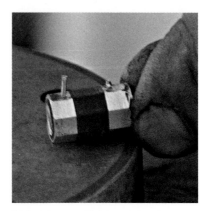

製造尾庫：尾鈕裝支釘，避免脫落。

製造尾庫：尾鈕之製造程序，步驟由左至右。

12. 線圈與護皮

纏繞銀線、金線或類鯨鬚等線圈，貼上小羊皮或其他材料之護皮。

13. 完工組裝

安裝弓毛後，金屬箍環可塗點肥皂，易於滑進。

預裝弓毛。

拉緊弓毛下，整修弓桿粗細。

修弓桿：中國製弓師專用的修弓桿鎊刀。

假安裝：弓毛拉緊後，檢查弓桿直度。

修弓桿粗細。

上漆：弓桿之法蘭西漆

綁小羊皮包覆。

纏繞銀線。

最後的組裝。

琴弓保養

琴弓是精緻且高價值的工藝品，極其脆弱，很容易傷及它的美感與實用價值。但適當的保養可使琴弓用上一、二百年，所以維護是很重要的。對於修弓師來說，每修護一支琴弓，都是一個新的經驗與挑戰，技術拙劣的師傅不小心就會傷害一支好弓。一般而言，最簡單的維護就是清潔，拉完琴應用軟布擦拭琴弓，尤其是手握的尾端與尾庫，酸性的手汗會侵蝕貝母、象牙、鯨鬚及玳瑁等這些天然材料。

若是出國旅行，應注意勿攜帶尾庫含象牙或玳瑁的琴弓，因為保育限制品可能會被海關沒收，也有演奏家準備烏木的尾庫備品來置換。

以下是琴弓所常見的損壞與維修：

尾庫的磨損與鬆動

因演奏家長期使用，手指的壓迫使得尾庫凹陷，會讓尾庫與弓桿的接觸面磨損，這兩種情狀需更換尾庫。金屬螺桿日久也會磨損，要換金屬螺桿與螺帽。尾庫的鑲片脫落，必須重貼或更換新鑲片。

尾庫若有鬆動，要立即檢查。尾庫鬆動可能是木頭斷裂、螺帽磨損或是弓桿尾洞磨損，這些現象都要予以修護，以免危害弓桿的校直度。

弓尖損壞與修理

琴弓最易受傷的是弓尖，當一支弓不小心掉落，弓尖常隨木紋的方向斷裂。因為弓尖拉力

大，很難用膠黏得住，落地時弓尖的象牙片也隨之脫落或破損。弓頸折斷而弓尖完好，可加黏補強木片。若是弓桿折斷，斷面通常有相當的長度，可直接黏接，但宜加上補強措施，在連接面挖一凹槽及鑽鑿數孔，將凹槽及孔洞填滿 Epoxy 膠，形成無形的卡榫。

連接面有時染色以遮蓋接縫，再用光滑鐵桿拋光，最後以法蘭西式塗擦漆料。併接斷桿是技術性較高的工作，要選擇相同顏色與紋路的木料。即使同樣的柏南布科木，顏色差別就很大，要挑選相同花紋也很困難。柏南布科木堅硬，不吸色料，不易染色，又易褪色。有時為遮蓋接痕，勉強使用塗料遮蓋，反引起疑惑，懷疑漆下另有玄機。不過在實用上，併接弓符合正常的功能，無損於提琴演奏。

更換小白片

老的法國弓愛使用象牙小白片，英國弓常使用金屬小白片。小白片脆弱，它的換修經常發生，修護老弓最好使用原件材料。破損的小白片會磨傷弓毛，而致屢換弓毛，相對地，換修弓毛時也常使小白片產生破損。修製小白片要用刀修，避免使用銼刀，小白片上粗糙的銼刀傷痕會磨損弓毛，邊緣要使用最細緻的砂紙來拋光。

校正弓桿弧度

弓桿的弧度與直度是需要維護的，缺乏注意，會使弓桿的弧度變形。弓桿會變形的原因有二，首先當更換弓毛時，修弓師的技術不佳，弓毛扁束一邊長，一邊短，或是位置不正，使弓毛

檢查琴弓的校直度。

從弓頸斷裂的琴弓。

以鋼針將弓尖槽內的楔木挖出。

琴弓的藝術
The Art of Violin Bow

切製安裝弓毛用的楔木。

新弓毛端以細繩紮起，沾點松香粉。

再以火稍微烘烤，使松香粉融熔，但不得燒損細繩。

修弓師正安裝弓毛。

安裝弓毛最重要的，是弓毛必須平整，長度適當。

側向一邊，日久弓桿歪向一邊。其次有些琴主習慣將許多東西，如肩墊或樂譜塞入琴盒，當琴盒蓋上之後，這些東西可能緊壓琴弓，琴弓被壓久了，自然產生變形。

歪扭的弓桿要火烤才能整直或復原弓桿的弧度，需用酒精燈的黃焰，而避免以過熱的藍焰。火烤的動作需相當的實際經驗，才能掌握烘彎弓桿的祕訣。

更換新護皮與包覆線
琴弓尾部的護皮與包覆線在長期使用下，會磨損或脫落，即使較耐用的銀線包覆，經過十年演奏，也會逐漸損耗，護皮與包覆線皆可換新。

修護螺桿
螺桿的磨損也是琴弓較常修護的部位，此時螺絲孔要填塞並且重新鑽孔。螺桿必須很滑順地扭轉，但也不可太鬆，鐵螺桿要避免生鏽，生鏽的螺桿會漲裂弓桿，造成嚴重的損壞。

弓桿斷裂
琴弓的斷裂是一種常見的現象。

旋緊弓毛時，弓桿在應力之下，處於危險狀態，此時若拿弓在空中揮舞，弓桿常容易應聲而斷。從前選弓的惡習，即是將弓左右搖晃，感覺其穩定性，其實是危險的事。

拿起提琴開始練習時，驟然地用力運弓，對弓也是危險時刻。演奏前最好先拉輕鬆的練習曲，先暖身一下。

弓毛斷裂與弓毛蟲

琴盒久未使用，打開後常會發現多條弓毛斷落，這是弓毛蟲啃咬所致，此蟲實為「標本皮蠹蟲」（Anthrenus Museorum 或 Museum Beetle）的幼蟲，長約二至四公釐長，愛吃幾丁質及蛋白質成份中的角蛋白，這種有機成份正是馬尾毛的構成元素。弓毛蟲不喝水，只要少量氧氣便足以生存。此種幼蟲喜愛陰暗，生命週期長達年餘，最後轉成有翅飛蟲。弓毛蟲除了吃馬尾毛，也啃食弓上的鯨鬚、玳瑁尾庫，甚至咬壞琴盒內裡。幸好提琴與弓桿為木料，不是弓毛蟲的食物。

若弓毛或琴盒發現有蟲啃咬的現象，最好拿到屋外仔細清理，首先用吸塵器在各角落吸乾淨，再噴灑殺蟲劑，受損的弓毛則剪下焚燒。雖然修弓師也可幫忙處理，但通常不太歡迎，修弓師也怕弓毛蟲可能入侵工作室。防範未然的做法，是經常檢查老弓盒，在弓盒放置樟腦丸，並定期打開來曬太陽。

用肥皂水或酒精清洗弓毛時，水不可碰到弓尖與尾庫，這兩個地方有許多隙縫，水份容易滲透，會使木料變形。尤其酒精沾到弓桿後，會立即破壞漆面。

更換弓毛

在此介紹換弓毛的程序，目的在讓讀者對這項作業有所認知，可清楚地與修弓師溝通，對於琴弓保養及送修都有幫助。作者並不是鼓勵演奏家自行換弓毛，雖然準備一些工具，並且多練習幾次，更換弓毛也是自己做得到的。但是換弓毛是個細微精

密的工作，一不小心就會損壞脆弱的弓桿，要經多次挫折，才能從失敗獲取經驗。更換弓毛的程序如下：

1. 剪掉舊的弓毛。

2. 取下尾庫的小薄片（wedge）與金屬箍（ferrule）：取下金屬箍的動作有時很費力，因金屬箍內又塞進一塊小薄片。此薄片是用來定位弓毛，有些製弓師會加點膠來固定。一支好弓的金屬箍常用金片或銀片，質軟易傷，取下金屬箍的動作要小心，所以先用膠帶包紮保護，再以鈍刀慢慢移動金屬箍。有時可先把小薄片勾出來，如此就能輕易拿下金屬箍了。

小薄片若有黏膠，取下時大部份會受損，通常需要重新再做。小薄片須用軟木，不可用硬木製作，塞進金屬箍內也不能太過用力。其實小薄片蘸點松香粉亦可增加卡力，不需特別使用黏膠的。

3. 取下尾庫的貝殼下滑蓋：貝殼下滑蓋可用姆指推出，若是不好推，壓一條橡皮以增加磨擦力，以便推動。若還有困難，可添加兩滴酒精在滑蓋兩側，以增加潤滑性。

4. 取下弓尖與尾庫的楔子：在弓尖與尾庫凹槽裡，弓毛被一小塊楔子緊壓，這塊楔子設計精巧，不使用黏著劑，正好卡住弓毛。要取下舊弓毛，首先要先取下舊楔子，方法是拿支針插進楔子，勾

挖出來，但舊楔子緊塞在槽內，楔子又是鬆軟木料，硬挖出來，舊楔子通常已經破碎，無法繼續使用，必須另切一塊。也有技術拙劣的師傅用膠黏住楔子，就要小心用刀清除殘膠，不要傷及槽洞。

5. **綁束弓毛**：抓一把新馬尾毛，去除太細的毛，一端以細繩綁緊，再以利刀切齊多餘弓毛。點一滴快乾膠在玻璃片上，然後以緊綁之弓毛端沾快乾膠，使毛端綁緊不易脫落。或用傳統方法，在弓毛端沾松香粉，然後在酒精燈上稍加烘烤，使松香粉融熔。最後，將整束弓毛梳理整齊，然後浸泡溫水幾秒，再以紙巾擦拭。泡溫水的用意是待安裝之後，弓毛冷卻過程會收縮拉緊。再量適當的長度，裁切另一端之弓毛，不能太長，也不宜過短。

6. **安裝弓毛**：安裝新弓毛可從琴弓尖端開始，或從尾庫端開始，視師傅的習慣而定。最後利用金屬箍與小薄片固定弓毛，並使弓毛平整。換弓毛之手指要輕，不要施以重力，楔子不能硬敲，小薄片與楔子都不要黏膠，使所有零件可自由活動。安裝弓毛最重要的，是弓毛必須平整，長度適當，這也是更換弓毛最關鍵的事。

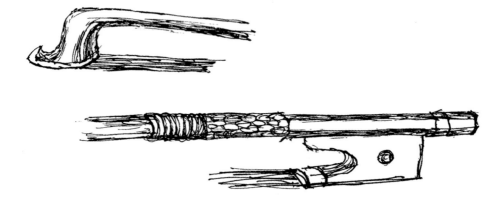

Chapter 7　　　　　　那些琴弓的故事

製弓傳奇：圖特家族

　　圖特製弓家族包括父親尼可拉‧皮耶‧圖特、長子尼可拉‧李奧納多‧圖特、法朗梭‧塞維‧圖特、李奧納多之子查爾斯以及法朗梭之子路易斯等。

尼可拉‧皮耶‧圖特
Nicolas Pierre Tourte, 1700-1764

　　現代琴弓的發展可說是從皮耶‧圖特所開始的，他是將琴弓結構予以現代化最多之人。皮耶‧圖特所製作的小提琴弓是古代弓與現代弓之間的橋段，從舊式的科瑞里巴洛克弓進化到現代弓的轉捩點。

　　皮耶‧圖特原本是巴黎木匠，也許還有珠寶製作的背景。因此他在尾庫鑲嵌金銀，安裝貝母

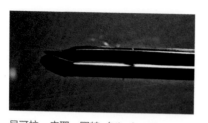 

尼可拉‧皮耶‧圖特（Nicolas Pierre Tourte）小提琴弓，約 1750 年，奇美博物館藏。

滑片，這些技術皆並非傳統木匠所能擁有。他首先打造出反向弓桿弧度的設計，咸信這是他與演奏家所共同研究的成果。他在巴洛克弓桿上挖條凹槽加以美化，並且減輕琴弓的重量，將從前所盛行的蛇根木弓桿改為巴西木。皮耶‧圖特有如此特殊的創新發明，可見其極富實驗精神，花費許多時間研究改造。

他的小提琴弓尖，改良巴洛克長尖啄的弓尖為斧頭形。其大提琴弓仍然使用玫瑰木，形態上是舊款，旋鈕為骨質，樸素而簡短。

在皮耶‧圖特時代之前，螺桿調整鬆緊早已發明，但是時間不詳。到了十八世紀末，皮耶‧圖特弓的型態在法國已完全普及，只是弓桿的長度尚未標準統一，他的標籤烙印著 TOURTE L 字樣。

尼可拉‧李奧納多‧圖特
Nicolas Léonard Tourte, 1746-1807

李奧納多‧圖特是皮耶‧圖特的長子，十歲即在父親身邊協助製弓，對此工藝興趣盎然，而後傾全力專注在製弓上。在此之前，琴弓係由製琴師兼職製造，

他可算是法國史上首位專職的製弓師。

李奧納多‧圖特是位優秀的弓匠，他所製弓桿的精準度比父親有過之無不及。弓尖也有高雅的輪廓線，整支琴弓顯得相當帥氣，在操作上極為靈敏，因而受到許多音樂家的喜愛。1769 年音樂家克拉默（Wilhelm Cramer, 1745-1799）抵達巴黎，慕名前往李奧納多的工作室，後來兩人共同研發出新款的「克拉默弓」。其弓尖較高，弓桿反向弧度較平，因而運弓更加沈穩，大多製成八角弓。1770 年克拉默弓推出之後，廣受歡迎，風靡了二十年之久。

可惜在 1789 年法國大革命時，李奧納多‧圖特因為同情貴族，與共濟會有所往來，而遭受到牽連，於是產品被禁止在市面上銷售，製弓事業因此發展停頓，往後只得私下為其弟代工半成品。雖然李奧納多的工藝精湛，但在法朗梭‧圖特傑出成就的光芒之下，李奧納多逐漸黯然失色，而終至默默無聞。他的兒子查爾斯‧圖特（Charles Tourte）繼承父業，也是位製弓師。李奧納多‧圖特的弓標籤烙印 TOURTE T，有些法國老弓未知名者，常歸之於他。

法朗梭‧塞維‧圖特
François Xavier Tourte, 1747-1835

法朗梭‧圖特是皮耶‧圖特的幼子，生於巴黎，是圖特家族中最傑出者。他異乎尋常的製弓技術結合了木工與金工技藝，提供創新改良，使現代琴弓臻於完美的程度，因而獲得「琴弓的史

特拉底瓦里」之稱。一般簡稱「圖
特」的琴弓，指的就是法朗梭‧
圖特的作品。

圖特在童年時未曾入學，
十二歲前在父兄的工作室間遊
玩，耳濡目染接觸製弓的作業。
然而木匠與製弓的生活很是艱
苦，因此父親送他去當鐘錶坊的
學徒，學習當時較為熱門的鐘錶
技術。這工作一做就是八年時
光，養成精密加工與金屬工藝的
技術，這期間父親過世，但因鐘
錶工作實在是太過低薪，於是他
最終放棄。十六歲時，回家投入
兄長李奧納多‧圖特之製弓行
業。他車製琴弓的螺桿及尾鈕供
哥哥使用，所以圖特弓的螺紋是
自製的，規格有別於旁人。

因為從小生活在製弓的家

法朗梭‧塞維‧圖特（François Xavier
Tourte）畫像。

庭環境裡，圖特早就熟悉木工技
能，又身為鐘錶師傅錶背景，
特別講究刀工，避免一般木匠過
多的砂紙研磨。他的雕刀與刨刀
功力精湛，是外頭仿品所做不來
的，用放大鏡來觀察琴弓的表皮
痕跡，成為他琴弓的鑒定點。因
為所有的仿製品都是砂紙研磨，
而且故意磨損，以顯年代老舊。

　　圖特有絕佳的玳瑁與象牙加工技術，尾庫與弓桿的接觸面極佳，完全貼平而不見縫隙。當時金銀的價錢昂貴，別人用得極其細薄，而他卻用料相當厚實。圖特的弓尖小白片使用象牙，也有用金屬片再加二根支釘，牢固緊密，不破裂也不致掉落，這是項重要的發明。圖特製弓技藝精湛，鐘錶業的精密素養使他追求細緻完美，因而很少看到他的琴弓出現缺點。

　　圖特實驗各種異國木料，選擇最佳的弓桿木料，大約在1780年使用巴西的柏南布科木。此木具堅韌性、彈性佳又美觀，極為適合琴弓使用。他之所以發現柏南布科木，一說是他的工作室附近有染料工坊，該工坊從巴西進口的柏南布科木，以萃取紅色素，色調高雅耐久，為極佳之

色澤。另一種說法是法朗梭‧圖特到巴黎塞納河港找尋適合琴弓之木料，從巴西蔗糖包裝箱木板中，發現了柏南布科木料。當時柏南布科木的運送途徑，是由巴西先到葡萄牙，然後再到法國。

　　圖特製造弓桿的方法與眾不同，他先削成直桿，再火烤彎曲，而之前的製弓家大多直接切割成需要的弧度，不以火烤取彎。

　　1782年義大利的小提琴名家維奧第（Giovanni Battista Viotti, 1755-1824）來到巴黎，很快就聽聞圖特兄弟製弓的聲響。他很欣賞法朗梭‧圖特弓的精美，從弓尖到弓根都有極好的演奏能力。兩人都有創造力與研發精神，志趣相投，於是共同研究琴弓的改良。

　　圖特的天資悟性高，能夠立即抓住琴弓的物理性與藝術內涵，了解音樂家的需求，努力嘗試解決各種問題，於是使琴弓達到最佳的演奏性。製弓家與音樂家配合，設計出金屬箍環（D環，Ferrule），將弓毛束壓平成帶狀，避免弓毛纏結，以增加弓毛與琴弦的咬合。

　　當時弓桿的長短不一，太長的弓使得重量前傾，也使弓桿彈性過大而不夠堅致。雖然長而軟的弓有助於音色，但是快速運弓的靈活度不夠。相反的，弓桿太短的話，堅硬而彈性不夠，在長音程與慢速運弓上，表現不佳。圖特和維奧第兩人合作，設定了琴弓最佳長度的標準。

　　1790 年左右，在圖特與維奧第的通力合作下，終於創造出理

義大利著名的小提琴家維奧第（Giovanni Battista Viotti），與圖特通力合作，創造出理想形式的現代琴弓。

想形式的現代琴弓。法國大革命時，圖特謹慎地保持中立而倖免於難。而維奧第則被驅逐出境，帶著他的史特拉底瓦里小提琴與圖特琴弓逃往英國。當時圖特兄長的品牌出售受限，只能協助弟弟工作，所以有些圖特弓可看出兄弟聯手的痕跡。

路易斯・圖特（Louis Tourte）小提琴弓，約 1760 年，巴黎博物館藏。

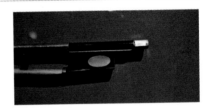

尼可拉・李奧納多・圖特（Nicolas Léonard Tourte）小提琴弓，約 1750 年，奇美博物館藏。

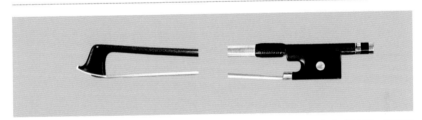

法朗梭・圖特（François Xavier Tourte）小提琴弓，1785 至 1790 年全盛時期，陳瑞政提供。

法朗梭・圖特（François Xavier Tourte）弓尖的金屬小白片，可見兩支固定釘。

　　法朗梭・圖特弓在 1800 至 1805 年之前所製都是圓弓，但後來偏愛八角弓，他的八角弓桿角緣特別銳利乾淨，強健結實，具有陽剛氣的特性。而弓尖面頰相當圓滿，喉部圓緩，側看帥氣，帶有優雅的內涵又顯剛勁有力。弓桿與弓尖交叉的曲線，予人愉悅視覺。尾庫稍長，鑲珍珠眼，但並無金屬滑板。

　　在圖特弓的尾鈕有二個圈，此外無其他華麗裝飾，圖特創造了琴弓外型完美的巔峰。琴弓弧度的頂點設定在弓尖與尾庫的中央，提高弓尖與尾庫的高度，以增加弓毛與弓桿的間距，強烈力道的運弓也不會觸及弓桿。因為弓尖加高而加重，為取得平衡，圖特在尾庫以金屬裝飾來補償重量。玳瑁尾庫是由三片材料所黏貼，中間層為烏木，外面兩層才

是玳瑁。貝殼蓋板後面的護片是金片或銀片，而且以三支釘加強固定。圖特弓具有理想的平衡和重量，確立了琴弓的最佳長度、粗細、重量、平衡及弓毛的寬度，這些因素在此之前，是尚未統一的。

　　1820 年圖特七十二歲時，雙手仍穩健製弓，削刨技術仍像壯年時一般精準。他七十五歲時的作品還保有著技術水準與風格。從 1830 年八十三歲開始，他的生活步調才漸慢下來，致力於生活消遣，常到附近的塞納河畔釣魚，其實此時他的眼力尚好，健康狀況也不錯，有時候還會做幾支弓。直到他八十七歲去世前，都沒有放下他的鉋刀。

　　圖特的製弓生涯從 1774 至 1833 年，幾乎長達六十年的時

間。他是個完美主義者，保守估計製作了五千支弓，但不知有多少支留存至今。他的弓很少烙名標籤，尤其晚期的弓幾乎都不烙印，即使有的話，則標籤印Tourte，此外有少數在弓桿凹槽內，手寫細小的名字。圖特弓的尾庫與弓桿間尚無金屬底滑板，圖特之後，琴弓唯一有價值的新發明，就是這個金屬底滑板。

他的兒子路易斯·法朗梭（Louis François）是一位優秀的製弓家，也是巴黎歌劇院的大提琴家。圖特的女兒珍妮（Felicite Marie Jeanne）是工作室裡的好幫手，她協助挑選馬毛，並用肥皂水清洗，然後浸池在麩糖水中，撈起後再泡水洗淨。圖特過世之後，她繼續住在老家。

法國的製弓城鎮與製弓名師

法國琴弓聞名於世，為演奏家所追求，世上最傑出優秀的製弓名家大多是法國人。法國製弓家因為優良的木料選擇、優雅高尚的設計、結構的均衡、重量分配及靈活的運弓等優越性，使得法國弓的地位超越了各國製品。

有人把法國弓再細分為四種風格，即圖特、帕鳩、佩卡特及瓦朗，無論如何，這四位大師的作品各具特色，創意為後輩所喜愛和效仿。這些名家的琴弓發音美妙，工藝精湛，輪廓線條極為優美。

製弓城鎮密爾古

密爾古（Mirecourt）是在巴黎以東四百公里的地方，從前以貿易聞名，曾是洛林最富裕的

城市。歷任領主極為熱衷音樂活動，音樂家在積極鼓勵支持下，人才輩出。密爾古的商人縱橫全歐，商人在各地經商旅行時，有機會接觸提琴樂器的製造，並且

發掘它的商機，促成密爾古提琴製造業的發展。

十七世紀以來，密爾古開始發展提琴與琴弓製造，以手藝精巧聞名全歐。1629 年即有文件證明密爾古的提琴製造，是法國最早形成製弓產業之地，從 1735 年的稅單上，即可發現當時有三十個樂器製造師。1756 年的稅單上，出現三位以製弓為業的弓師：吉諾（Nicolas Guino）、艾爾魯（Frances Herlot）及皮亞特（Jean Piat）。只是當時製弓這行業尚未有統一名稱，分歧不一，但無疑是個新奇特別的行業，且不包含在製琴行業中。他們從何處習得製弓的技術不得而知，到了次年 1757 年時，增加為六位製弓師，1780 年間，已有多達三十個製弓師。現存世上最早有標籤的琴弓，即是在密爾

現今的密爾古

144

古 1750 至 1760 年間，署名杜全（DUCHAINE）所製作的琴弓。

　　此地的製弓家在十八世紀下半葉時甚為活躍，由於製弓家族間的相互通婚，使大家能夠接觸最新的技術。但是 1789 年時發生法國大革命，經濟蕭條，結束了製弓的榮景，許多製弓師失業或被迫改行離開家鄉。不過後來產業逐漸恢復，但是到了 1870 年代，密爾古的製弓生態又起很大變化。由於大型製弓廠的設立，小型的家庭製弓坊難以生存，製弓師傅們不得已離鄉背景到巴黎謀生。於是製弓界形成一個發展模式，即大多數成名的製弓師生於密爾古，在此地拜師學藝，然後移居巴黎發展。

　　歷史上密爾古這個城鎮以培養法國最偉大的製弓師而自豪，

世上的製弓名家如尤利（Eury）、魯波（Lupot）、瓦朗（Voirin）、維堯姆（Vuillaume）、拉米（Lamy）、帕鳩（Pajeot）、沙托里（Sartory）、佩卡特（Peccatte）、梅爾（Maire）、西蒙（Simon）、亞當（Adam）、亨利（Henry）、雨頌（Husson）、拉米（Lamy）、維納隆（Vigneron）、湯瑪尚（Thomassin）、烏夏（Ouchard）、費提克（Fétique）、巴尚（Bazin）及莫里佐（Morizot）等都是來自密爾古。有「琴弓界的史特拉底瓦里」之稱的圖特（François Tourte），雖然定居巴黎，但是密爾古也傳承其技術的精髓，生產優良的琴弓。

　　二十世紀初，在密爾古還有幾家琴弓工作坊及工廠，許多女

工與童工以此為業,製弓業逐漸恢復生機。但又遇上經濟蕭條及東歐廉價琴弓的強大競爭,密爾古工作坊逐一倒閉,接著發生第二次世界大戰,繁榮一時的製弓業終於結束。直到二十世紀末,傳統手工製琴又有復興之勢,世人體認法國琴弓的優越性。密爾古為了振興製琴產業並恢復傳統,1970 年設立了「維堯姆製琴與製弓學校」(École Nationale de Lutherie Lycée Jean-Baptiste Vuillaume),於次年再成立製弓部門。到 1973 年,又設立了製琴博物館。

不過,2006 年時,在密爾古經營製弓工作室的製弓師僅存杜歐(Gilles Duhaut),他自維堯姆製琴與製弓學校畢業,是第三代貝納德 · 烏夏(Bernard Ouchard)的學生。

雅各 · 尤利

Jacob Eury, 1765-1848

尤利生於密爾古,年少時向製琴家父親學藝,後來從事專業製弓,二十七歲時曾經待過巴黎,而與法朗梭 · 圖特有所往來。帕格尼尼最愛用的,即是一支尤利所製琴弓,有次他在英國旅行時,琴盒從馬車頂摔下來,心愛的耶穌瓜奈里小提琴及尤利琴弓皆有損傷。他還特地趕回巴黎請維堯姆修護,之後繼續使用這支尤利琴弓。

尤利的手藝精巧,琴弓為圖特式風格,銀片甚薄,因此常被列名與圖特相提並論。他的標籤烙印著 EURY。

法朗梭・魯波二世

François Lupot II, 1774-1837

　　法朗梭・魯波二世生於奧爾良，祖父來自密爾古，父祖皆以製琴為業，其兄為知名製琴家，有「法國的史特拉底瓦里」之稱的尼可拉・魯波（Nicolas Lupot）。法朗梭・魯波二世自小在其父親法朗梭・魯波一世的工作室學習製琴與製弓。他的製弓生涯與法朗梭・圖特約略同期，彼此互有往來，因此製弓技術深受圖特影響，後來在巴黎成立製弓工作室。

　　魯波二世發明了尾庫金屬下滑板（Under Slide），可降低尾庫與弓桿間的磨損。並有一說，柏南布科木之優點是他首先發現，再介紹給法朗梭・圖特使用的。法朗梭・魯波二世有兩個重要的學徒，拉弗勒（Joseph René Lafleur）及佩卡特（Dominique Peccatte），尤其是佩卡特青出於藍，最後還繼承了魯波的工作室。

　　魯波二世選用柏南布科木，1825 年前大多製成八角弓，之後製為圓弓。弓尖呈圓弧形，弓桿粗細比例適當，重量及強度皆佳，運弓的演奏性能優越。但是作工品質不一，參差較大。他的標籤烙印著 LUPOT 或 LUPOT A PARIS。

尚・佩束瓦

Jean Pierre Marie Persoit, 1782-1854

　　佩束瓦是生於密爾古的卓越製弓師，在巴黎受雇於「維堯姆工作室」長達十五年之久，之後才設立自己的工作室。他的作品甚美，接近圖特風格。其圓弓較

為厚實，擁有自己特色，他的手藝在當代屬於最傑出者。可惜其作品存世並不多，也因為長期在「維堯姆工作室」，所以琴弓烙上維堯姆之名，而難以辨識屬於他個人的作品。他最為人熟知的事蹟，是在「維堯姆工作室」，教導出日後成為琴弓大師的佩卡特。他的標籤在弓桿包覆皮或尾庫之下，烙印著 PRS 三字。

艾蒂安·帕鳩

Etienne Pajeot，1791-1849

帕鳩是生於密爾古的傑出製弓師，早先追隨父親西蒙·帕鳩（Louis Simon Pajeot）製弓，但是很快地青出於藍，創造出自己風格。帕鳩的手藝精巧，弓尖與尾庫都極為精美，鑲嵌及金工皆細膩。他極具創意，在尾庫的姆指側以金屬片保護，改善螺桿及尾桿凹槽。帕鳩的風格強烈地影響著當代琴弓，在他之後的製弓家經常引用其設計概念，成為十九世紀初最有影響力的製弓家。當時也因琴弓優越的演奏性，而廣受音樂家的喜愛，收藏家因他作品精美而廣求收藏。

帕鳩首創大型的製弓坊，僱用不少琴弓師傅參與代工，包括日後成為大師級的梅爾（Maire）、馬里奈（Maline）及封克勞茲（Fonclause）等人。師傅們供應他琴弓成品或弓桿部份，因此由帕鳩出品的琴弓，具有相當的數量及各式不同的風格，而他也生產平價的學生弓，產品選擇可謂多樣。他的標籤烙印著 PAJEOT。

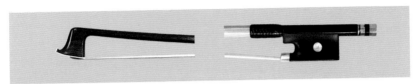

尚‧佩束瓦（Jean Pierre Marie Persoit）小提琴弓，1850 年製，陳瑞政提供。

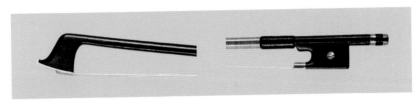

尼可拉斯‧馬里奈（Nicolas Maline）小提琴弓，1860 年製，陳瑞政提供。

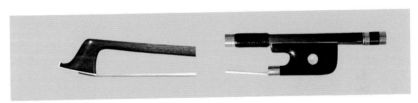

法朗梭‧佩卡特（François Peccatte）中提琴弓，1845 年製，陳瑞政提供。

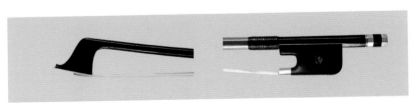

尼可拉斯‧梅爾（Nicolas Maire）中提琴弓，1840 年製，陳瑞政提供。

尚‧巴蒂斯特‧維堯姆
Jean Baptiste Vuillaume,
1798-1875

維堯姆生於密爾古的製琴世家，並在此地成長學藝，1818年赴巴黎為香納德（François Chanot）的提琴坊工作，直到後來自立門戶。在出色的經營下，成為歐洲最有名的提琴工作室。他本人製琴技藝高超，得獎無數。維堯姆除了是位傑出的製琴家外，亦為發明家與精明的生意人。雖然他並未親手製造琴弓，但是花費甚多心力在琴弓研究上，最大的貢獻便是分析圖特琴弓，發展出一套計算直徑的公式，可完全模仿圖特弓，產生完美的平衡。

維堯姆甚有創意，發明了幾種特殊琴弓，例如容易換弓毛的弓及固定的尾庫，使換弓毛

維堯姆（Jean Baptiste Vuillaume）畫像

這件事變得容易，讓演奏家可自行更換，並且獲得專利。但是這種琴弓的構造過於複雜又不夠美觀，流行一陣子後便消失了。因為柏南布科木甚為昂貴，他發明中空的鐵管弓，強度與彈性俱佳，連帕格尼尼都加以讚許，但仍未受市場接受，最後庫存

五千五百六十支未賣出。維堯姆在尾庫眼上置放一只小小的放大鏡，可看見裡面的維堯姆、薩拉沙泰、阿納德或帕格尼尼的照片。他還制定標準化規格的尾庫，使各種弓桿皆能適用，已成為製弓業通行的規格。

當時至少有二十位優秀的製琴製弓家受他聘雇或代工，包括幾位大師級的製弓家如法朗梭·瓦朗（F. N. Voirin）、約瑟夫·瓦朗（J. Voirin）、多米尼克·佩卡特（D. Peccatte）、法朗梭·佩卡特（F. Peccatte）、尤利（J. Eury）、雨頌（C. C. Husson）、勒諾布勒（A. Lenoble）、馬丁（J. J. Martin）、封克勞茲（Fonclause）、西蒙（P. Simon）、佩束瓦（J. P. Persoit）、皮爾頌（J. Pirson）及弗雷取奈（H. R. Pfretschner）

等人，聘雇或代工之作品皆以維堯姆的標籤出售。我們發現，在法國人才輩出的琴弓黃金時代，都與維堯姆有直接或間接關係，可謂他的整合改良效應。雖然他自己不曾製弓，但是他對於琴弓發展的貢獻，堪稱十九世紀最卓越的製弓家。維堯姆的標籤烙印 Vuillaume A Paris 或 J. B. Vuillaume，在普通弓則印上 STENTOR。

多米尼克·佩卡特

Dominique Peccatte, 1810-1874

佩卡特生於密爾古，年少時在家鄉當製琴學徒，十六歲時受邀前往巴黎「維堯姆工作室」，在佩束瓦的指導下製弓，同時也向法朗梭·魯波二世學習，又與法朗梭·圖特時有往來。他在「維堯姆工作室」的 1826 至 1837 年

期間，作品上烙印 VUILLAUME A PARIS。1837年他承接法朗梭‧魯波的工作室，展開獨立業務。直到 1848 年法國二月革命及巴黎暴動，佩卡特返回密爾古，但仍然維持巴黎的業務連繫，而巴黎的工作室則移轉給助手皮爾‧西蒙。

佩卡特琴弓獨特的風格，對業界產生長久影響。他最有名的，便是改寫圖特以來的弓尖輪廓，類似斧頭形，面頰豐滿，活潑而神采奕奕。佩卡特弓尖曲線簡潔有力，為後世所喜愛並且多仿製。他所挑選的柏南布科木品質極佳，色澤為暗棕紅色，弓桿通常是圓桿，有些三角形，其弓桿在弓尖前 1/4 是直的。雖然大部份的琴弓並未署名，但是他在成熟期作品印有 PECCATTE 標誌。

佩卡特是繼圖特之後引領風潮的製弓師，佩卡特風格的弓尖輪廓是史上最多人所模仿，被視為最有影響力的製弓師之一，其歷史地位僅次於圖特。佩卡特的琴弓較圖特沉重，更加凸顯其強而有力的特色，演奏時音量大，適合現代化規模的大音樂廳。雖然不如圖特弓的音色優美，也不似其他輕弓的靈敏，但在兩者無法兼顧的情況下，佩卡特弓在音色與靈敏之間做出妥協，而為演奏家所愛用。偏愛佩卡特琴弓的音樂家很多，著名的小提琴家謝霖（Henryk Szeryng）即是其一。

佩卡特有兩個出色的助手，約瑟夫‧亨利（Joseph Henry）及皮爾‧西蒙（Pierre Simon），都是傑出的製弓家，也是佩卡特風格的代表性大師。多米尼克之弟法朗梭‧佩

卡 特 （François Peccatte, 1820-1855） 早逝，標籤上亦烙上 PECCATTE。法朗梭・佩卡特的兒子查爾斯・佩卡特（Charles Peccatte, 1850-1918） 也是位出色的製弓家，曾在「維堯姆工作室」，接受瓦朗的指導，並且得過兩次獎，1885 年設立自己的工作室。當年沙托里到巴黎即在查爾斯・佩卡特的工作室裡當學徒。佩卡特的標籤早期烙印著 PECCATTE A PARIS，晚期則烙印 PECCATTE。

尼可拉・雷米・梅爾
Nicolas Rémy Maire, 1800-1878

梅爾生於密爾古，師從拉弗勒（Joseph René Lafleur），學成之後赴巴黎，他的作品十分精細，風格與帕鳩極為相似，通常為圓桿，弓尖有帕鳩、佩卡特及拉弗勒不同的樣式。他的標籤烙印著 N. MAIRE 或 MAIRE。

皮爾・西蒙
Pierre Simon, 1808-1881

西蒙生於密爾古，在家鄉經學徒訓練，並且工作一段時間之後，於 1838 年赴巴黎發展，先在「佩卡特工作室」，後進「維堯姆工作室」。1847 年，他買下先師佩卡特的工作室與業務，並與同門師弟約瑟夫・亨利聯合經營。他的作品非常精細，為十九世紀最傑出製弓師之一。西蒙的弓尖有兩種類型，一是自己風格的圓緩形，另一是佩卡特風格。其弓桿堅致、平衡性好，發音柔順如天鵝絨般的色澤。他的工作室也為維堯姆等多位業者代工。他的標籤上烙印著 SIMON A PARIS。

亞當製弓家族

第一代的尚·亞當（Jean Adam, 1790-1820），從外地移居密爾古展開製弓業務，他的琴弓較為粗糙，大多為八角弓，無底滑板，旋鈕較大，尾庫眼鑲兩圈銀環。第二代的尚·多米尼克·亞當（Jean Dominique Adam, 1795-1865）作品與父親類似，大多是八角弓，弓尖頸角度甚直，無底滑板，尾庫稍高，尾庫根圓弧形。第三代的廣·亞當（Grand Adam, 1823-1869）是最有成就的一員，使亞當琴弓揚名於世，他製弓精細，八角弓與圓弓皆有，弓尖優雅，木料皆為精選，具圖特及佩卡特風格，是當代最好的製弓家之一。三代亞當的標籤皆烙印著 ADAM。

約瑟夫·亨利
Joseph Henry, 1823-1870

亨利生於密爾古，14 歲就到巴黎香納德及佩卡特的工作室當學徒，師傅佩卡特過世後，便與師兄皮爾·西蒙共同繼續經營，直到 1851 年設立自己的工作室。他的作品甚受其師佩卡特影響，但亦顯露個人風格。他的弓尖有兩種，一是佩卡特款式，另一是自己的創意造型。尾庫有時帶鑲花設計，尾鈕成小錐體狀。他的標籤烙印著小字體 HENRY A PARIS。

貝納德製弓家族

恩斯特·貝納德（Ernst Auguste Bernardel, 1826-1899）及古斯塔夫·貝納德（Gustave Adolphe Bernardel, 1832-1904）兩兄弟繼承其父在巴黎的製琴工坊，1866 年又與查爾斯·

尼可拉‧尤金‧根特（Charles Nicolas Eugène Gand）合作，改名為「根特與貝納德」（Gand & Bernardel）工坊，聘有多名弓匠，在巴黎甚具名氣，並且共用 GUSTAVE BERNARDEL 的標籤。後來三人陸續退休，將業務轉給「卡瑞頌與法蘭西」（Caressa and Français）。到了二十世紀，又改名為「法蘭西」（Français），業務改以鑑定及修護為主，仍然維持高檔的技術水準。

里昂‧貝納德（Leon Bernardel, 1853-1931）為恩斯特‧奧古斯特（Ernst Auguste）之子，在父親的工作室製弓，1898 年時獨立開業，延用家族傳統的做法，亦雇用不少師傅製作新弓。他的標籤烙印著 LEON BERNARDEL 或 LEON BERNARDEL PARIS。

雨頌製弓家族

第一代的雨頌‧佩雷（Charles Claude Nicolas Husson，亦稱 Husson Père）十九世紀上半葉生於密爾古，是位極優秀的製弓師，其弓尖優雅細緻，為拉米‧佩雷（Alfred Joseph Lamy）之師。他的標籤烙名 CH. HUSSON A PARIS 或 HUSSON PARIS。

雨頌‧佩雷之子菲爾斯（Charles Claude Husson，亦稱 Husson Fils, 1847 -1915）先後接受父親及維堯姆的指導訓練，又輾轉至瓦朗及貝納德工作室，亦是出色的製弓師。他約在 1880 年時，設立自己的工作室。在標籤上烙上 CH. HUSSON A PARIS。

奧古斯特‧雨頌（Auguste Husson, 1870-1930）生於密爾古，他歷經幾家巴黎最有名的工作室，如維堯姆、巴尚（Charles N. Bazin）、克勞德‧湯瑪尚（Claude Thomassin）及維納隆（J. A. Vigneron），後來選擇自立門戶。他的木料精選，弓尖是維納隆風格。標籤烙印著 A. HUSSON-PARIS。

法朗梭‧尼可拉‧瓦朗
François Nicolas Voirin, 1833-1885

一般所稱瓦朗就是指法朗梭‧尼可拉‧瓦朗，生於密爾古，係圖特之後最傑出的製弓家，當時被稱為「現代圖特」。瓦朗父親是密爾古的園丁及風琴匠，母親是製琴師之女，瓦朗十二歲時，就被送去當製琴學徒，成年後與維堯姆的親戚結婚。

法朗梭‧尼可拉斯‧瓦朗（François Nicolas Voirin）相片。

1855 年瓦朗赴巴黎進入「維堯姆工作室」，他為維堯姆工作長達十五年之久。這段期間裡，瓦朗的工藝技能日漸成長，並為維堯姆研發新弓，在尾庫眼上鑲嵌肖像照片，但最後因維堯姆的低薪因素而離開。隨後瓦朗成立

自己的工作室，他工作勤奮，琴弓品質極佳，

瓦朗弓的風格較具女性特質，尾庫根轉角磨成圓弧形，弓尖及尾庫的高度較低。弓桿弧度集中在前面三分之一處，在當時為首創，其風格自成一家。弓桿的弧度優雅，弓尖輕細，輪廓外型圓緩。瓦朗弓之優雅如同提琴界的史特拉底瓦里，而佩卡特的弓則較為男性化，健壯有力亦如提琴界的耶穌·瓜奈里。

瓦朗最有創意的地方，是弓的彎曲度在前端，使琴弓挺直堅硬，可將弓桿做得修長，且細緻到極點。尤其弓尖前端部份精巧的程度，被形容如羽毛般地輕盈，創造出自有風格。十九世紀末，正是崇尚輕軟琴弓的時代。但是由於太過輕巧，瓦朗弓較易磨損，經年累月使用常導致損耗。瓦朗弓若欲留後代子孫，除非必須像收藏家般地珍藏。瓦朗與他同時代的琴弓，表面漆係以酸稍染色，再上薄蟲膠漆。他努力多產，製弓的品質極佳，被視為十九世紀中葉後最重要的製弓家。

瓦朗做出與圖特截然不同風格的琴弓，是琴弓史上的一個斷代，大大地影響了後代弓的發展，許多製弓家係以瓦朗風格為基礎來造弓。世上有許多名家使用他的弓，例如阿納德（Jean-Delphin Alard）、易沙意（Eugène Ysaÿe）、史坦（Isaac Stern）、艾爾曼（Mischa Elman）、祖克曼（Pinchas Zukerman） 及現今的王健與穆洛娃（Victoria Mullova）等人。

瓦朗早期琴弓烙維堯姆的商標，後來才烙印自己的標籤 F. N. Voirin 或 F. N. Voirin a Paris。拉米（Lamy）為瓦朗之助手，工作檯比鄰而坐，作品再貼上 Voirin 標籤，後人論及他所製琴弓，常用 Voirin-Lamy 之名。瓦朗琴弓的名氣大，常受許多人仿造，當時法國、德國大量生產的工廠喜歡採用他的模型，有的甚至直接烙上 Voirin 的標籤。瓦朗之弟約瑟夫·瓦朗（Joseph Voirin, 1837-1895）亦是製弓師，但是他製弓手藝遠不及其兄。他的標籤烙印著 JH VOIRIN A PARIS。

拉米·佩雷

Alfred Joseph Lamy, 1850-1919

拉米·佩雷生於密爾古，追隨雨頌·佩雷製弓六年，之後到巴黎為瓦朗工作，許多瓦朗的弓是拉米·佩雷所造。瓦朗過世之後，他在巴黎設立自己的工作室。拉米·佩雷作品深受其師瓦朗影響，力求精美。他的木料總是選用上等材質，有圓弓及八角弓，弓桿輕盈細緻，彈性與平衡極佳，弓尖稍圓而優雅。尾庫的材質有黑檀、象牙及玳瑁。拉米在 1889 年及 1990 年獲得巴黎國際比賽金牌及銀牌獎，被視為二十世紀初重要的製弓師之一。

他有個兒子拉米·菲爾斯（Alfred Lamy，亦名 Lamy Fils, 1876-1944），由於長年跟隨父親工作，菲爾斯的作品風格非常接近父親，同樣地細緻精美，不易區分，在市場上有相近行情。在父親過世後，繼承工作室，但是到晚年，選料與工藝能力皆趨退化。父子都使用相同的標籤 A Lamy A Paris。

約瑟夫・維納隆

Joseph Arthur Vigneron, 1851-1905

維納隆為生於密爾古之重要製弓師，向繼父雨頌（Charles Claude Husson）學習製弓，當時他與拉米・佩雷一起當雨頌的學徒，37 歲時在巴黎開設自己的工作室。維納隆所製琴弓相當結實，精選柏南布科木料，有自己的風格。他工作時特別地專注，並且賦予愛與美的情感，以極高的效率，最快一天可完成一支琴弓。

維納隆弓桿彎曲的部份接近中段，大多為圓桿，有部份是稍圓的三角形，使得弓桿重心下降，以增加穩定度，因此琴弓的擺動性良好。弓尖似瓦朗風格，晚期甚具女性柔美的特質。他的琴弓大部份有鑲銀，外型精緻，

當代法國弓少有優於他者，曾受甚多音樂家的讚賞。過世之後，工作室移交給其子。他的標籤烙印著 a. vigneron à paris.

湯瑪尚製弓家族

路易斯・湯瑪尚（Louis Thomassin, 1856-1905）生於密爾古，在巴尚（Charles N. Bazin II）的工坊接受學徒訓練，1872 年，他十七歲時即赴巴黎為瓦朗工作，直到瓦朗過世，1891 年才在巴黎成立自己的工作室。他精修的弓桿及高雅細膩的弓尖質感甚佳，受師傅瓦朗的影響很大。他的標籤烙印著 L. THOMASSIN A PARIS。

其子克勞德・湯瑪尚（Claude Thomassin, 1870-1942）由父親的啟蒙指導，及長赴巴黎加入「根特與貝納德工

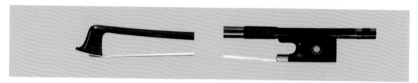

阿弗雷德・拉米（Alfred Lamy）小提琴弓，1920 年製，陳瑞政提供。

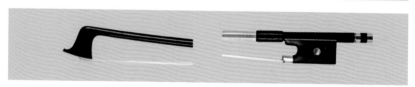

湯瑪尚（Claude Thomassin）大提琴弓，1920 年製，陳瑞政提供。

作室」（Gand & Bernardel），後來自行創業。高品質的作品，使他成為當代著名的製弓師。他對材料的要求甚高，弓尖如瓦朗般精美標籤，烙印著 C. THOMASSIN A PARIS。

尤金・沙托里

Eugène Sartory, 1871-1946

沙托里是生於密爾古的傑出製弓家，從小在父親教導下學習製弓，後赴巴黎為查爾斯，佩卡特工作，不久又進入拉米・佩雷的工作室，這原是瓦朗所創。

沙托里早年深受 Voirin-Lamy 影響，因此琴弓設計看似瓦朗的改良修飾型。但後來他拋棄了瓦朗的精細，轉而追求實用。他在 1889 年，十八歲時即在巴黎自立門戶。

1920 年後，弓桿轉為粗壯，而顯得強而有力，弓桿弧度從弓

尖開始立即彎曲。尾庫厚實，甚具陽性化特徵，這樣的改良使得琴弓易握，運弓穩定。因他琴弓廣受到許多音樂家的愛用。有一個浪漫說法是：「不能有一支提琴，不附沙托里的弓。」他早期喜歡深暗色的柏南布科木，但是後期偏向淺淡色。一般評價認為，沙托里在 1925 年前製作的弓較好，因為早期選材較精。

沙托里全家於 1912 年

沙托里致力於事業，積極參加國際製弓此賽，獲獎多次，是少見在世即享盛名的製弓家。他的工作室聘有幾位優秀的弓匠參與，包括路易斯‧莫里佐（Louis Morizot）、朱勒‧費提克（Jules Fetique）、路易斯‧吉列特（Louis Gillet）及赫曼‧普雷爾（Hermann Prell）等人，產品量多而品質亦佳。

時序進入二十世紀，資訊發達，沙托里生前作品已屢遭他人仿冒，至今仍是製弓家模仿的對象。他的琴弓多在役演奏。堪稱當代最有名的製弓家。他的標籤烙印 E Sartory A Paris，1920 年以後，在包覆皮下又加烙標籤。

烏夏製弓家族

第一代艾米爾‧法朗梭‧烏夏（Emile François Ouchard（Père），1872-1951）生於密爾古，進庫尼歐‧賀里（Cuniot Hury）門下當學徒，直到師傅去世，繼續與師母合力經營，多年後才承接這個工作室。他的作品精良，弓尖表現出不同的風格，尾庫跟通常是圓弧型。標籤烙印著 EMILE OUCHARD。

艾米爾‧奧古斯特‧烏夏（Emile Auguste Ouchard）相片

第二代艾米爾‧奧古斯特‧烏夏（Emile Auguste Ouchard（Fils），1900-1969）簡稱 E. A. Ouchard，在父親艾米爾‧法朗梭（Emile François）的指導下學習製弓，在巴黎設立工作室，後赴美國工作，十四年後回到法國開業。他的琴弓品質甚佳，對於木料挑選極為嚴格，弓尖優雅，風格像 Voirin-Lamy，晚期有較大膽的個人色彩表現。他一生曾經獲得多次獎項，深受演奏家的喜愛。他的標籤初期烙印 EMILE OUCHARD、EA OUCHARD FILS、EA OUCHARD PARIS，晚期則烙印 EA OUCHARD。

第三代貝納德‧烏夏（Bernard Ouchard, 1925-1979）為 E. A. Ouchard 之子，自小受父親啓蒙，二戰時從軍，

貝納德・烏夏（Bernard Ouchard）在密爾古製琴製弓學教的教室。

戰後赴熱內亞聞名的製琴家維杜岱（Vidoudez）工作室，多年後受邀回國擔任密爾古製琴與製弓學校教授，以提供法國製弓業新動力。有人認為，貝納德是法國傳統製弓的最後一位大師，他在學校所教導的十六位學生成為法國當代製弓界的翹楚。他做的弓桿通常為八角弓，弓尖極為精美，具佩卡特風格。標籤烙印著OUCHARD。

烏夏（E. A. Ouchard）低音提琴弓，1945 年製，周春祥收藏。

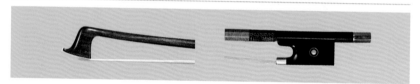

朱勒・費提克（Jules Fétique）小提琴弓，1937 年製，周春祥收藏。

費提克製弓家族

維克多・法朗梭・費提克（Victor François Fétique, 1872-1933）為密爾古製琴師之子，曾向多位名師學習製弓，後在查爾斯・尼可拉・巴尚（Charles Nicolas Bazin II）的工坊工作，1913 年赴巴黎創業。他的手藝精良，獲得法國一級工藝師的頭銜。維多・費提克琴弓的風格屬於瓦朗修改版，也有沙托里味道。他的工作室聘雇多位工藝熟練的弓匠，琴弓產量大，品質亦佳，以批發產銷國內外，也為人代工。他的標籤烙印著 VICTOR FETIQUE A PARIS。

馬塞爾・費提克（Marcel Fétique , 1899-1977）受父親維克多的指導，後來在巴黎另立自己工作室，他的標籤烙印著 MARCEL FETIQUE PARIS。

維多之弟朱勒·費提克（Jules Fétique, 1875-1951）在家鄉亦受巴尚（Charles N. Bazin II）啓蒙，1902年赴巴黎擔任沙托里的助手，亦曾榮獲大獎，是很有天份的製弓家，作品具沙托里風格。他的標籤烙印著 JULES FETIQUE PARIS。

巴尚製弓家族

巴尚製弓家族在密爾古歷史悠久，聲譽卓著。他們的製弓淵源自1840年，始至1900年代末，長達百餘年，其成員如下：

François Xavier Bazin（1824-1865）
Charles Nicolas Bazin I（1831-1908）
Charles Nicolas Bazin II（1847-1915）
Charles Louis Bazin（*Louis Bazin*）*Fils*（1881-1953）
Eustache Joseph Bazin（1823-1864）
Emile Joseph Bazin（1868-1956）
Gustave Bazin（1871-1920）
René Bazin（1906-1982）
Charles Alfred Bazin（1907-1987）

最早的一位前輩是法朗梭·巴尚（François Xavier Bazin, 1824-1865），據推測他曾在巴黎向佩卡特或維堯姆的工作室學過製弓。1840年回到密爾古自立門戶，且甚有天份，可惜於四十一歲時早逝。他的標籤烙印著 BAZIN。

查爾斯·尼可拉·巴尚二世（Charles Nicolas Bazin II, 1847-1918）製弓精美，深具瓦朗風格。

「巴尚工作室」培育英才，傳授多位學徒，其熱誠與卓越的表現，當時在地方上甚受尊崇。他的標籤烙印著 C. BAZIN。

路易斯·巴尚（Charles Louis Bazin, 1881-1953）是家族中最重要的一員，他的木料甚佳，弧度從弓尖開始彎曲，同時製造圓弓與八角弓。尾庫有方形或圓角形，品質極佳，被譽為當代二十世紀無人超越的製弓家。他的標籤烙印著 LOUIS BAZIN。

路易士·莫里佐（Louis Morizot）（右）

查爾斯·阿弗雷德·巴尚（Charles Alfred Bazin, 1907-1987）是家族中最後的一位製弓家，他使用各種材料，製造各式八角弓或圓弓。尾庫用烏木、象牙或玳瑁，尾庫根修成直角或圓角，鑲金或銀，作品多樣。他的工作室裡聘雇多位名師，也為許多人代工。他自己的弓烙印著 CHARLES BAZIN 或 CHARLES BAZIN-FRANCE。

路易斯·莫里佐
（*Louis Morizot*，亦稱 *Le Père, 1874-1957*）

莫里佐曾在巴尚及沙托里的工作坊製弓，之後回到密爾古自立工作室，他的作品製工甚佳，曾經獲得大賽金牌獎與法國最佳工藝師榮譽。他的五個兒子皆繼承他的製弓事業，保羅（Paul Morizot）、路易

1893 年時代在密爾古的巴尚（Bazin）家族製弓坊。

斯（Louis Morizot）、安德烈（André Morizot）、喬治（George Morizot）及馬賽爾（Marcel Morizot）。全家族製弓皆手藝精良，作品優秀又多產。他的標籤皆烙 L. MORIZOT。

米朗製弓家族

羅杰·米朗（Roger Millant, 1901-？）及馬克斯·米朗（Max Millant, 1903-1975）兄弟的外祖父是製琴家兼松香品牌 Deroux 的創立者德魯（Sebastian-August Deroux）。兄弟倆於 1923 年在巴黎合組「羅杰與馬克斯米朗提琴工作室」（R&M MILLANT），並且繼承外祖父的松香事業，曾經獲得兩次國際提琴比賽大獎，極具聲譽。他們的琴弓由幾位名家代工，最高級的弓烙印 R&M MILLANT，次高級弓烙印 M. MILLANT，普通弓

烙印 PERELLI。

尚·雅克·米朗（Jean-Jacques Millant , 1928-1998）生於密爾古，從莫里佐兄弟學習製弓，1948 赴巴黎加入叔父的「羅杰與馬克斯米朗提琴工作室」，後來自己開業。他的弓尖極美，為佩卡特風格，尾庫大多使用象牙或玳瑁。他被選為法國最佳工藝師，名聲遠播國際，被視為二十世紀後期最重要製弓師之一。他的弓烙印著 J.J. MILLANT A PARIS。

貝納德·米朗（Bernard Millant, 1929- 2017）生於巴黎，為馬克斯之子，早年赴密爾古向路易斯·莫里佐（Louis Morizot）學習製弓。後來回到巴黎父親的「羅杰與馬克斯·米朗提琴工作室」，展開製琴生

涯，在國際製弓比賽獲獎無數，為二十世紀末最重要的製弓家之一。他的木料選擇嚴謹，弓尖為佩卡特風格，晚期致力於琴弓研究與鑒定，為客戶開立琴弓鑒定書。貝納德與尚法朗梭·拉訪（Jean-François Raffin）及貝納德·古德法（Bernard Gaudfroy）合著有一套琴弓書

貝納德·米朗（Bernard Millant）晚期致力於琴弓的研究與鑒定。

《l'Archet》，為此中代表性的經典書籍。

他 1950 年至 1956 年所製琴弓烙印著 BERNARD MILLANT A PARIS，1956 年之後烙印 BERNARD MILLANT PARIS。

尚·法朗梭·拉訪
Jean-François Raffin, 1947-

拉訪在密爾古接受製琴訓練後，到巴黎貝納德·米朗（Bernard Millant）的工作室展開製弓學習與工作，因其天資聰穎，不久成為貝納德·米朗的得力助手。1989 年在巴黎開設自己的工作室，很快地成為備受推崇的法國琴弓專家。65 歲時，他創立了「尚·法朗梭·拉訪琴弓顧問公司」（Cabinet d'Archetiers Experts Jean-François Raffin），為客戶提供

琴弓鑒定、顧問及開立證書等服務。尚‧法朗梭‧拉訪與貝納德‧米朗師徒在國際上，是當代最具權威的琴弓鑒定師。

英國的製弓名師與希爾提琴公司

現今英國弓的地位僅次於法國弓，最初英國弓的發展曾經落後法國長達一世代之久，當法國老圖特‧皮耶（Tourte Père）及長子李奧納多（Nicolas Léonard Tourte）已造出現代弓時，英國都德家族的愛德華仍在製造早期原始型態的弓，但約翰‧都德在法蘭梭‧圖特掘起之後未久，也成功地造出精美的現代弓。

歷史上英國以都德家族、塔布斯家族及艾倫等製弓家最負盛名。「希爾提琴公司」也訓練出許多優秀的製弓師，並且對琴弓收藏與鑒定有深入的研究，對於英國製弓業貢獻甚大。

當時位於倫敦的「希爾提琴公司」。

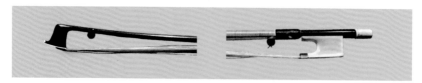

約翰·都德（John Dodd）中提琴弓，1820 年製，奇美博物館藏。

都德製弓家族

愛德華·都德
Edward Dodd, 1705-1810

愛德華·都德活躍於十八世紀，他曾經製造大量半科瑞里式的巴洛克弓，其手藝精巧，可惜當時皆未署名。都德家四子中，有三位隨父親學做琴弓，其中以約翰·都德的表現最為傑出，詹姆士及湯瑪士則情況不詳。

約翰·都德
John Dodd, 1752-1839

約翰·都德早年做過板機裝配與度量衡的工匠，後來轉入家族製弓事業。他具備精密機械的技能，對於提琴弓桿及尾庫的精密，在技術要求上毫無困難。他與法國圖特幾乎是同一時代的弓匠，也都是未受學校教育的文盲，但是都屬製弓的天才。當約翰·都德見到圖特的現代琴弓，內含精細的鑲嵌與螺桿，於是小心翼翼地仿製，不久即製造出同樣品質的弓，從此開啟英國現代琴弓的時代。都德的手藝精美，製作技術領先英國與許多歐陸的製弓師，因此被稱為「英國圖特」。

由於約翰·都德所使用的柏南布科木料取自木桶片，因此有時他的弓會出現釘痕。他所製作的琴弓長短不一，可能也受限於

木料的取得。約翰‧都德琴弓的弓尖有兩種樣式，即細長喙型及斧頭型。

晚年是都德作品的黃金時期，在標籤烙著 DODD，但是大部份的弓是沒有標籤的。曾有倫敦琴商取得約翰‧都德烙印，進口大量的德國工廠弓，並且蓋上都德烙印以成批出售，所以市面上他的琴弓贗品不少。

詹姆士‧塔布斯
James Tubbs, 1835-1921

詹姆士‧塔布斯是繼約翰‧都德之後，英國最有名氣的製弓師，其琴弓至今仍為音樂家上台演奏時愛用。詹姆士來自製弓世家，祖父湯姆士‧塔布斯（Thomas Tubbs, 1770-1830）及父親威廉‧塔布斯（William Tubbs, 1805-1878）都是弓匠，

家族的製弓歷史延續了五代。從早期的巴洛克弓到現代弓，時序雖已進入二十一世紀，詹姆士‧塔布斯所製作的琴弓仍為一流提琴演奏家所使用。

塔布斯弓的數量眾多，但是品質良莠不齊，因為製弓是他們的生存之道，必須考慮成本及效率，生產各種檔次的產品。有的弓鑲嵌原始，也有弓桿顯得粗糙廉價，而較為精美的弓，則被經銷商或製琴師所選購，烙上別人的標籤。

詹姆士‧塔布斯早先做過紡織生意，在 25 歲時改行。因為他來自製弓家族，具有相當的手藝基礎，於是獲得「希爾提琴公司」雇用，在此長達十年，並且成為希爾公司最重要的師傅，所做之弓多為精品。他離開希爾

製弓師詹姆士・塔布斯（James Tubbs）

後自立門戶，但仍然繼續協助希爾維修琴弓與更換弓毛。他在希爾期間所造之弓，自然是以 Hill 之名，標籤用「W. E. HILL & SONS」烙印。但離開希爾之後，只要有在希爾時期所造的弓回到他手上，他即以 TUBBS 之名加以覆蓋。不過，如此舉動，也造成琴商的困擾。

早期他仿製都德所造的短弓，如今已不適用於演奏，只能作為藏品，他到中期階段才採用長弓。詹姆士・塔布斯的工作速度快，一天就能做一支琴弓，他設立工作室後，與兒子阿弗列德

（Alfred）聯手，共製造了五千支琴弓。晚期他常使用軟木料做弓桿，因為技術提昇與經驗豐富，仍可達到演奏級的水準。

詹姆士‧塔布斯的弓署名 Jas. TUBBS，在他家族中弓匠眾多，另有其他烙印 W. Tubbs、E. Tubbs、C. E. Tubbs、C. Tubbs、J. TUBBS、T. TUBBS 及 ALFRED TUBBS。

撒慕爾‧艾倫
Samuel Allen, 1846-1905

艾倫是位卓越的製弓師，「希爾提琴公司」製弓部門的創始人。他原先可能是木匠，加上天生一副的好歌喉。到了倫敦之後，首先進入歌劇院，並同時為同事修護樂器。不知艾倫何時習得製弓的技術，希爾兄弟對他所造琴弓之精美大為讚賞，1880 年邀他進入公司負責製弓部門。

艾倫幫公司設計了法國風格的希爾琴弓，由他所建立的製弓標準與程序，一直延用到希爾 1992 年結束時。他或許是希爾師傅中，唯一能從零件開始，從頭到尾全部自己獨立完工的製弓師。他在希爾公司服務十年後，在倫敦創立屬於自己的工作室，但仍然協助希爾的琴弓維修業務。

艾倫擅長刀工，手藝高超，作品完美細緻，他琴弓作品的特色偏弱，因為他那時代的貴族家庭音樂會適用細弓。聲譽卓著的瓦朗及塔布斯製作細弓，都有銷路，因此艾倫受影響而常做細弓。他的琴弓除了在希爾公司時代烙有 HILL 之名外，很少烙印自己的姓名標籤。

威廉・雷德福特

William Charles Retford, 1875-1970.

雷德福特在十六歲時進入「希爾提琴公司」，從製弓學徒做起，跟隨葉爾門（S. Yeoman）工作長達十五年之久，在希爾琴弓部門直到 1956 年時退休為止。其子亦同在希爾製弓。他的作品受瓦朗影響，但使用典型的希爾風格尾庫。小提琴家艾爾曼（Mischa Elman）曾在演奏會上使用他的弓，甚為讚賞。雷德福特在提琴界廣為人知的，是寫了一本經典的琴弓書《弓與製弓師》（Bows and Bow Makers），至今仍為重要的琴弓參考資料。他的標籤烙著 HILL 或 H. & S.，另外加上一個烙碼編號 #6。

製弓師 威廉・雷德福特（William C. Retford）

希爾提琴公司製弓部門

W. E. Hill & Sons, 1880-1992

「希爾提琴公司」位於倫敦，專門從事弦樂器與琴弓業務，在英國提琴界佔有舉足輕重的地位。希爾家族在提琴界超過二百五十年，延續了七個世代，曾經手過半數以上的義大利古名琴，在古琴研究、收藏與鑑定上，有極大的成就。希爾出版的製琴相關專業書籍，與開立鑑定的提琴證書，至今仍然是重要參考權威。

從十九到二十世紀，希爾的製弓師傅共超過三十位，培育英才，英國重要的製弓家幾乎都與其有關。希爾公司生產各式不同等級的琴弓，從入門款到演奏家級都有。例如 K 金配件、銀配件，以黑檀、象牙、玳瑁製作的尾庫或鑲嵌等，使用金屬弓尖護片、法國維堯姆式的圓弧形尾庫根，或希爾的八角型式尾庫。希爾培養的製弓師傅與技術開枝散葉，造就了英國琴弓在國際上的聲望。

希爾的標籤依等級大約可分為 H.&S.、W. E. H. &S.、HILL & SONS、HILL、W. E. Hill、W.E.HILL & SONS。又另加師傅各人的編號於弓尖或弓根處，由編號即可查得出製弓者姓名。

德奧的製弓城鎮
與製弓名師

德奧地區在音樂史上盛極一時，尤其從巴洛克、古典派到浪漫派，著名的音樂大師輩出，例如巴哈、貝多芬、孟德爾頌、布拉姆斯等。至今德奧派小提琴教學系統仍是音樂界的主流之一，世上交響樂團的低音提琴部，使用德式持弓方式亦比用法國弓法的人多，德式低音提琴弓仍然保留維爾琴弓的型式，充滿復古氣息。

雖然德國弓的名氣在法國與英國之後，但是德國琴弓的特色在於強大的生產力，十九、二十世紀時，數以百萬的琴弓被生產出來，以供應全世界平價耐用的琴弓，對於彼時音樂普及的發展功不可沒。

十九世紀初音樂會的迅速發展與學習普及使小提琴的需求大增，德國大量製造廉價的工廠琴，這種提琴產銷的企業化也促成提琴的普及。雖然廉價提琴的品質與藝術性無法與手工提琴相比，它對提琴教學普及的貢獻，是不可磨滅的。

由於德國弓的數量極大，卻是價錢低廉。那時德國弓予人的印象，就是廉價的工廠弓，使得德國優秀製弓家的作品也難以出頭。導致二十世紀時，一些德國製弓家不敢烙名字自己的標籤，只得批發給經銷商，再蓋上琴店商標。德國製弓師一向喜歡招聘學徒，量產製造各等級的琴弓，以不同的代碼區別，訂定不同價位，所以雖是名家標籤，也會有初級的學生弓。

　　德國弓原本具地方風格，但因時代資訊的發達及市場優勝劣敗，後來德國弓皆製成法國風格，特別是瓦朗（Voirin）類型的，以致於毫無德國風格可言。二十世紀初，英國從德國進口大量琴弓，都是法國風格，以致連專家都分辨不出，是德國製或法國製了。那些弓大多烙印德國製弓名家克諾夫（Knopf）的標籤，使用巴西進口的硬木，類似柏南布科木，許多弓只有打磨而不上漆。德國老弓大多是八角弓，市場上有些仿古弓，故意以砂紙磨擦表面，再以酸及油侵蝕和老化，將八角弓菱線磨損，好似久經長期使用的痕跡。

　　德國真正的製弓名家雖然不像法國的名氣，但他們同樣地手藝精湛，保有德國人對於機械準確性的高標準，又兼具實用價值。所以演奏會上許多音樂家，除了擁有法國名弓外，總會收藏幾支德國弓，例如海菲茲（Jascha Heifetz）有克諾夫（Knopf）及鮑許（Bausch）所製，但烙印基特（Kittel）的弓。克萊斯勒（Fritz Kreisler）擁有弗雷取奈（H. R. Pfretzschner）及紐貝爾格（Nürnberger）的弓，易沙意（Eugène Ysaÿe）及奧斯卡‧舒姆斯基（Oscar Shumsky）收藏紐貝爾格的弓。大衛‧歐伊斯特拉夫（David Oistrakh）上台演奏用的既不是法國名弓，而是德國紐貝爾格及弗雷取奈琴弓。從另一角度而言，這幾位音樂大師會使用德奧琴弓，與他們身為俄裔背景及鐵幕時代的環境甚有關係。可見得雖非法國名弓，德國弓也有表現優異者。

　　法國及英國名家的老弓在市

場早已水漲船高，一桿難求，而德國老弓仍然價位低迷，所以有些琴商極力推薦收藏德國老弓。但該注意的是，必須是真正名家弓，才有其價值。對於那個時代德國產量龐大的初級弓，在市場上仍然浮濫，還不如現代製弓名師的作品。

製弓城鎮馬克紐奇興

德國製琴製弓的傳統歷史悠久，有最古老的製琴城鎮福森（Füssen）、米騰瓦（Mittenwald），而最早專業製弓的地方在東部波西米亞薩克森的馬克紐奇興（Markneukirchen）。此地最早的製弓師是名為約翰・史托茲

1850 年德國製弓城鎮馬克紐奇興。

（Johann Strotz, 1715-1760） 的外地人，他來此城以音樂演奏及製弓為生，並且傳授徒弟製造琴弓，使這個行業逐漸興盛起來。1783 年有文獻證明，製弓已成為當地的專門產業。1790 年有十八位製弓師聯名申請籌組製弓工會，他們想脫離製琴工會而另立組織，可惜並未能成功。到了1828 年，製弓工作室達四十六個

之多，已多於製琴師。

在此同時，南邊巴伐利亞的米騰瓦，係更有名氣的製琴城鎮，以提琴製造為大宗。但是1800 年時，也有十九位製弓師，他們的琴弓產品被烙製琴師之名，甚或毫無標籤。到最後米騰瓦的製弓業竟演變至完全消失，這也許來自於薩克森馬克紐奇興的競爭。

1865 年由於鐵路的興建，使馬克紐奇興的交通得以連接歐洲各地，琴弓的原木料進口及產品輸出大為便利。根據 1872 年商貿部門的統計，光是馬克紐奇興，共有七十個製弓工作室，年產 432,000 支弓。

馬克紐奇興的普雷爾（Player Family）家族製弓工作室，奇美博物館藏。

柏南布科木弓 18,000 支

蛇根木弓 6,000 支

巴西木弓 216,000 支

山毛櫸木弓 192,000 支

———————

432,000- 支

由此統計發現，琴弓的產量雖大，但是高級木料的高檔弓少，柏南布科木弓僅不及百分之五。德國人擅長將產品工業化及標準化，因而能夠量產，但是琴弓是兼具藝術特質的作品，大量生產的方式成本雖低，卻非高級品。

馬克紐奇興的製弓產業於十九世紀末至二十世紀初這段時間達到顛峰。在 1913 年註冊的製弓師有九十人之多，直到次年 1914 年第一次世界大戰爆發，三年後戰爭雖然結束，但是許多技術精良的製弓師戰死或殘廢，馬克紐奇興的製弓榮景因而不再。

路德維希‧鮑許
Ludwig Bausch, 1805-1871

路德維希‧鮑許生於薩克森，原本追隨德勒斯登（Dresden）的宮廷製琴師弗利曲（Johann Fritzsche）學習製琴，後來轉到萊比錫設立工作室，1839 年成為德紹（Dessau）宮廷的製琴師。後來不知為何改行，專做琴弓。

鮑許的弓以圖特風格為基礎，綜合法國與德國弓的優點，又深具個人特色，甚受推崇，因此被稱為「德國圖特」。1860 年兩個兒子小路德維希‧鮑許（Ludwig Bausch Jr.）與歐德‧鮑許（Otto Bausch）學藝完成後，也加入他的工作室，並擴展

為「路德維希鮑許父子公司」
（Ludwig Bausch & Sohn），這
家公司很快獲得國際上的聲望。
1871 年他過世後不久，兒子也相
繼去世。工作室很快轉給助手，
又持續經營數十年，直到二十世
紀才結束。

鮑許在國際上深具名望，作
品屢遭仿冒。許多德國大量出口
的低價弓都貼上他的標籤，他的
名字幾乎變成一個商標，因此名
氣被大量的仿品與廉價的學生弓
所累，在此陰影之下，弓價行情
大受影響。他在弓的尾庫下烙 L.
Bausch 或 L. Bausch Leipzig 的
標籤。

克諾夫製弓家族

克諾夫家族傳承了五代的
製弓事業，產生十四位製弓師。
最早一位是克利斯多夫·克諾

夫（Christian Wilhelm Knopf,
1767-1837），他也是德國最早的
製弓師之一。家族中最有成就的
是海因里希·克諾夫（Heinrich
Knopf, 1839-1875），是當時德
國最出色的製弓家。他先在馬克
紐奇興當叔父的製弓學徒，再到
萊比錫鮑許（Ludwig Bausch）
的工作室學藝，最後回到馬克紐
奇興繼承父親的製弓事業。

克利斯多夫·克諾夫（Christian Wilhelm
Knopf）

海因里希的手藝精巧，掌握製弓的技術與型態風格。但是他的琴弓不易辨識，因為他許多的琴弓欠缺標籤，又常為別人代工，烙印別人的標籤。此類真偽難辨的克諾夫琴弓，影響了市場價格與收藏價值。他自己的高檔弓則烙上 H. Knopf Markneukirchen 或 H. Knopf Berlin。

紐貝爾格製弓家族

在德國製琴城鎮馬克紐奇興的紐貝格爾家族，自十八世紀即享有製琴聲譽。到了法蘭茲·艾伯特二世（Franz Albert II, 1854-1931）這一代更是嶄露頭角，被尊為德國最傑出的製弓師之一。他的琴弓具精細外觀、理想的弓桿平衡、有力明亮的音色及優異的操控性。他兒子卡爾·艾伯特

左至右：卡爾·艾伯特紐·紐貝格爾（Carl Albert Nürnberger）、法蘭茲·艾伯特·紐貝格爾（Franz Albert Nürnberger）、保爾·紐貝格爾（Paul Nürnberger）。

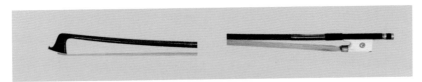

鮑許（Ludwig Bausch）小提琴弓，1865 年製，周春祥收藏。

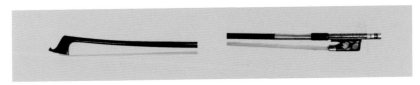

克諾夫（Heinrich Knopf）小提琴弓，1825 年製，周春祥收藏。

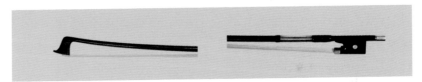

弗雷取奈（Hermann Richard Pfretzschner）小提琴弓，1900 年前，周春祥收藏。

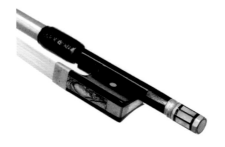

克諾夫（Heinrich Knopf）小提琴弓尾，
周春祥收藏。

（Carl Albert, 1885-1971）的表現亦同樣出色。在二十世紀上半葉，紐貝爾格與英國希爾（W.H. Hill & Sons）提琴公司被列為同等級世界最佳製弓坊。

亞伯特父子的弓都烙印著 Albert Nürnberger，在這標籤下，以艾伯特二世的弓最好，也就是 1931 年之前，他在世時的品質最高，價格也最好。紐貝爾格弓是德國老弓裡最被推崇搜求的精品，許多知名的提琴家如易沙意（Eugène Ysaÿe）、庫貝利克（Rafael Kubelik）、克萊斯勒（Fritz Kreisler）及歐伊斯特拉夫（David Oistrakh）都是他的愛用者。如今他的弓在市場上流通極少。

赫曼‧理查‧弗雷取奈
Hermann Richard Pfretzschner, 1857-1921

赫曼‧理查‧弗雷取奈來自製琴城鎮馬克紐奇興的製弓家族，自小顯現多才多藝的才能，先向父親習得製弓技術。1872 年十五歲離開家鄉，進入巴黎維堯姆工作室，維堯姆看重他的天份與潛能，因此接受他為自己最後的一位學徒。維堯姆 1875 年去世，弗雷取奈返回德國家鄉，於 1880 年設立自己的工作室。

他引進法國最新的琴弓設計，如尺寸、弧度、重量等，以及瓦朗的型態風格。他也努力研發自己的風格，只打磨而不上漆，琴弓早期烙印 Wilhelm。他最後達到相當的成功，獲得官方特許頭銜，在琴弓上蓋印薩克森國王的徽章。此後他們數代所製

造的琴弓，都在弓桿上烙有家族印 H. R. PFRETZSCHNER，在尾庫蓋上薩克森國王的徽章。他在 1914 年退休，工作室業務移交給兒子。但二十世紀中葉東德共產時代，工作室被併入國營的交響樂團，直到鐵幕瓦解，才回到家族手中。

尼可拉斯‧基特

Nicolaus Kittel, 1805-1868

奧地利裔移民俄國的尼可拉斯‧基特被稱為「俄國的圖特」，他的琴弓用料頂級，手工精緻，演奏性能優越，獲得很高的評價，在市場上稀少又昂貴。但他在製弓史上卻是神祕的人物，大家仍不清楚他的生平，只知他是生於俄國聖彼得堡的奧地利裔製琴製弓家。他的工作室可能雇有多位技師，並且找人代工，包括德國的赫曼及克諾夫等人都曾為

他代工，可看出一些烙 Kittel 的弓具有德國風格，並有圖特的形態。雖然基特的琴弓由多人製造，但品質嚴格控制，作品標準一致。

基特在聖彼得堡開設樂器店與工作室，進口樂器並兼維修工作。他在 1828 年即被指定為聖彼得堡管弦樂團的技師，1835 年又擔任沙皇宮廷的御用樂器承辦人。據推測他的顧客大多是王公貴族，有能力高價購買他最精美的琴弓。

基特的弓尖圓緩，弓桿弧度較集中在中央，奢華的用料，幾乎每塊尾庫都鑲巴黎人眼的圓片，即圓貝母片外加一圈金屬環。他的弓精美華麗，被形容如俄國彩蛋般地高貴。在使用上運弓靈敏，並且音色優美，所以長

期以來為音樂家與收藏家的追捧。奧爾（Leopold Auer）、曼紐因（Yehudi Menuhin）、科岡（Leonid Kogan）、列賓（Vadim Viktorovich Repin）等著名提琴家都用過基特琴弓，海菲茲也擁有一支老師奧爾所贈送的基特弓，他曾經表示，喜歡這支基特弓勝於其他名弓。

基特之子小基特（Nikolai Kittel Junior）曾到法國密爾古學習製弓兩年，1868年基特去世之後，小基特繼承父親事業，直到1873年樂器店與工作室才讓售他人。

中國的製弓城鎮與製弓名師

製弓城鎮蘇州渭塘

蘇州渭塘是現今世上最大的琴弓生產城鎮，在渭塘鎮集聚了大大小小六、七十家琴弓生產企業，年產七十多萬支琴弓，占世界近八成的市場。這些製弓坊座落在市區與郊外，有的則隱居在田中農舍內。工廠規模大者工人百餘人，小者一人工作室，周邊尚有尾庫製造或弓桿切削等代工產業，也有材料如金屬片、金屬線、馬尾毛及貝殼片等的供應商。

渭塘鎮所生產的琴弓除了基本的低音、大、中及小提琴外，

蘇州溪橋個人工作室裡的製弓師傅。

聞樂樂器公司製弓廠內部。

尚有巴洛克弓、碳纖弓及包木皮的碳纖弓等，製弓產業鏈的橫向與縱向發展齊全。本身音樂環境不足又地處偏僻的渭塘，會發展成國際性的製弓城鎮，是一項奇蹟。其發展基本條件是蘇州的木藝傳統，加上改革開放的契機與製弓鼻祖張金海的因緣。

張明生是張金海之子，也是強生樂器公司的負責人。

自古蘇州的木工業就特別發達，以「蘇作」傢俱聞名於世，培養了許多木工師傅。在遠離蘇州市一小時車程的渭塘鎮，有一位能工巧匠張金海先生，在 1968 年被聘任渭塘鎮農具廠的廠長，之前他曾在蘇州樂器廠工作。1971 年三月張金海獲知蘇州樂器廠只生產提琴卻乏琴弓，常為採購而憂，於是在農具廠內摸索琴弓的製作，做出來的產品送到蘇州樂器廠試用，發現不比國外進口的琴弓差，於是便向農具廠下訂單。蘇州渭塘農具廠能製作高品質的琴弓，消息一傳出後，上海提琴廠、東北提琴廠等企業紛紛向渭塘農具廠發出訂單。

張金海退休之後，其子張明生繼任，1986 年他投資創辦了中國第一家琴弓製造的私營企業—「沿塘樂器配件廠」，為幾個國營樂器廠代工。1989 年起，以自有品牌銷售，隨後順利地內外銷，經過十年苦心經營，1999 年成立「強生樂器有限公司」，

發展成世上最大規模的琴弓生產企業。

因為張金海父子的開明，製弓技術毫無保留地傳授，又富企業化之精神，以各種合作的方式擴大規模。強生樂器的成功，使許多員工受到啓發，紛紛出走自立門戶，渭塘的琴弓企業如春筍般地冒出。

琴弓製造在工廠裡是以專業分工的方式，每階段工作皆由不同的人員完成。工人長期從事同一種技術，培養出熟練的手藝，配合專門研發的模具與機器，提高作業效率。再加上大陸廉價的人工，尤其渭塘工人大多來自安徽、河南等內陸省份，人力充沛低廉，使原本昂貴的琴弓變得價廉普及。但在眾多廠家削價競爭的情況下，價格遠低於外國產品，利潤微薄。

在渭塘另有不少個人的家庭工作坊，他們在熟練技術下，足以單人快速地生產琴弓，過程由一個人全程完成。個人工作坊憑藉著樂器展的參加，來接取國內外的訂單，並且打開知名度。但這種個人工作坊仍然不算是師傅手工琴弓，其差別關鍵在於尾庫及其他零件的製作。個人工作坊買進現成尾庫及零件來裝配，而師傅手工琴弓的尾庫及零件則是自行製造，這也是國際琴弓比賽的技術要求。因為尾庫的製造極為精密繁複，家庭工坊要提高尾庫生產效率與降低成本，有賴專業的尾庫生產廠家，而大型琴弓廠如「強生」及「聞樂」，則有獨立部門生產零件與尾庫專門製作。

渭塘這個地方原本沒有音樂與提琴文化的背景，琴弓製造是從模仿階段開始，其品質多年來透過代工，由客戶提供的規範而改善。許多琴弓的細節，經由專業客戶的意見而摸索出來。為了生產效率，他們研發各種製弓之機具，終以物美價連，而成為世界最大的琴弓生產城鎮。

在中國有幾位製弓名師，經由多次國際琴弓比賽獲得認同，他們都是天才型手藝精湛的工藝家，說他們天才，因為都是自行摸索，既非製琴學校科班出身，也非正式拜師學藝而成，成果令人讚嘆。

葛樹聲

葛樹聲（1952 -）出生於上海，從小就愛好藝術，風聲鶴唳的文革時期，仍然關緊門窗偷聽留聲機所放送的交響樂。有次看見小提琴，很驚訝世上竟有如此優雅的樂器，又如此地迷人動聽，於是非常嚮往學習。他在初中畢業，上山下鄉的活動中，遠赴雲南邊疆種稻，備嘗艱辛。後來參照王大和所著的《小提琴製作法》，自行摸索製成小提琴與琴弓，返回上海後繼續鑽研，找機會向國外來訪的樂團觀摩。1987 年中國音協舉辦第二屆全國提琴製作比賽，葛樹聲送大、中、小提琴弓各一參賽，竟由於作品過於精美，差點被誤認為是現成貨，險被排除。在此賽中，這三支弓均獲第一。

1988 年葛樹聲帶著幾箱工具和獲獎的琴弓遠赴澳洲，為當地交響樂團修琴，以存錢赴義大利克雷蒙納朝聖。後來在那因緣際會拜皮爾安吉羅•巴紮

里尼（Pierangelo Balzarini）和
亞歷山卓•弗蒂尼（Alessandro
Voltini）兩位名家為師，直到現
在，葛樹聲才真正有人指導。但
這是一種奇特的師徒關係，葛樹
聲不會義大利語，而師傅也不會
華語，工作室裡甚為靜謐。

　　在名師指點下，葛樹聲的製
琴技藝快速提昇。第二年即獲義
大利巴爾瓦諾（Balvano）提琴
製作賽琴弓組的金、銀獎各一。
從此頻頻在各大國際製琴與製弓
比賽中得獎，至今已獲得前所未
有的十次金獎。此外，葛樹聲與
眾不同的是，製琴與製弓兩項目
皆傑出，都曾經得過國際比賽的
最高榮譽。

　　葛樹聲在克雷蒙納老師的工
作室裡待了一年，於 1991 年赴美
國費城，在此定居並且開設提琴

製弓師葛樹聲，獲國際製琴製弓比賽
金獎十次。

193

工作室。他認為製琴製弓最重要的是創意與工藝，琴弓工藝最基本的是弓尖、弧度與弓桿粗細的流暢，最後才加上一點創意。傳統的形象要保持，就如同學習書法，要先臨摩而後才自創風格。葛樹聲認為各種奇特材料的做法只是花俏，他從不採用。他造一支琴弓要花一星期，一支提琴則需一個月。

馬榮弟

馬榮弟（1953 - ）是生於上海的傑出製弓師，他中年自學而成，並且履獲國際製弓比賽的錦標。他自幼喜好音樂，十四歲學習小提琴，以小提琴演奏的專長入選部隊的文工團。1985 年，他的琴弓不慎壓斷，求助樂器行與上海提琴廠，都以不值修護被拒。於是嘗試自己修理，一舉成

功，從此便對琴弓產生興趣，進而摸索製造。1986 年做出生平第一支琴弓，自學之初，還曾求製弓名家陳匡祥的指導。

雖然馬榮弟製造琴弓有其偶然，但是他對手工藝原本就有興趣，又有提琴演奏的才華，事實上具備極佳的製弓條件。經過多年體認，他認為製造琴弓是精密度的要求，而精密則需要眼力，對於百分之一毫米的差距要有敏感度，看得出其精妙。馬榮弟以藝術品的理念來做弓，又力求創造突破，除了在弓尖造型體現設計，又喜歡用不同的材料來製造及鑲嵌尾庫。他的手工精細，對於細節與看不到的凹槽內部，也絕不放鬆。

馬榮弟的作品以選料考究，

製弓師馬榮弟，國際製弓比賽獲獎多次。

製作精良而著稱，小提琴演奏家林昭亮、大提琴家王健、帕格尼尼金獎得主寧峰、黃蒙拉、柴可夫斯基小提琴比賽最高獎陳曦及柴可夫斯基青少年組金牌獎楊曉宇等，甚多提琴演奏家都曾選用他的琴弓。

馬榮弟以極為簡單的工具製弓，擺在公寓客廳角落的一張小小工作檯，不需獨立的工作室。他製作一支琴弓約需五個工作日。每支琴弓烙以 MA RONG-DI SHANGHAI 為標籤。

陳龍根

陳龍根（1965 - ）係蘇州渭塘卓越的製弓家，在國際製弓比賽上亦屢次獲獎，成為大陸最有名氣之製弓師。

陳龍根家世代務農，自小向親戚張金海學習木工，彼時張金海已退休從事蘇州傢俱廠之代工。陳龍根做了六年木匠，後來也想轉行樂器製作，於是隻身赴上海音樂學院專修提琴製造。1994 年陳龍根與製弓師傅合夥創設「聞樂樂器廠」，成為渭塘的第二家提琴廠。生產提琴與琴弓。後來專事琴弓的製造，員工多達百人。

雖然沒有正式學過製弓，但是他自行摸索，又時常求教旅居美國的葛樹聲先生。在聞樂樂器廠有機會獲得客戶訂製規範要

製弓師陳龍根，國際製弓比賽獲獎多次，也是聞樂樂器公司的負責人。

求，及琴弓專家的指導下，眼界與知識皆廣。陳龍根雖然不會演奏提琴，但具備木工的技術，手藝精湛又追求完美。他的眼力極佳，能看出精微之處與美感，又加上自己毅力，所以做出極為精美之弓，遂能在國際製弓比賽出人頭地。他認為得獎的弓，基本上應具備精細工藝，再加上一點

創意，也就是自己獨特的東西。他的另一優勢是得以選用最佳木料，因為他擁有製弓工廠，直接向國外採購了大批的柏南布科木儲備，再從中精挑細選來製作參賽。

　　陳龍根受老師葛樹聲的影響，也喜歡極簡風格的琴弓，不做多餘的綴飾。他認為自有客戶會喜歡這種樸素的琴弓，但他本人的產量稀少，一般要二年前事先預訂。他是位個性熱忱之人，有企業家的精神與能力，曾收授數位台灣徒弟，亦師亦友，與人傾囊相授。

蘇州溪橋的聞樂樂器公司的製弓廠。

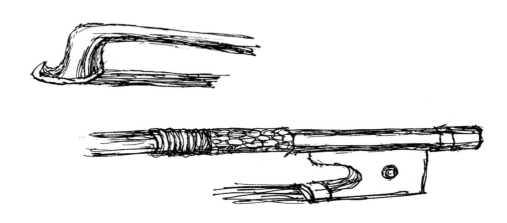

Chronology 　琴弓年史表

年代	事件
1620	美桑那弓（Mersenne）出現
1644	製琴家史特拉底瓦里（Antonio Stradivari, 1644-1737）誕生
1680	巴桑尼弓（Bassani）出現
1685	音樂家巴哈（Johann Sebastian Bach, 1685-1750）誕生
1700	科瑞里弓（Corelli）出現
1700	皮耶・圖特（Nicolas Pierre Tourte, 1700-1764）誕生
1719	音樂家雷歐波德・莫札特（Leopold Mozart, 1719-1787）誕生
1740	塔替尼弓（Tartini）出現
1746	李奧納多・圖特（Nicolas Léonard Tourte, 1746-1807）誕生
1747	法朗梭・圖特（François Xavier Tourte, 1747-1835）誕生
1752	約翰・都德（John Dodd, 1752-1839）誕生
1755	小提琴家維奧第（Giovanni Battista Viotti , 1755-1824）誕生
1765	雅各・尤利（Jacob Eury, 1765-1848）誕生
1770	克拉默弓（Cramer）出現
1782	尚・佩束瓦（Jean Pierre Marie Persoit, 1782-1854）誕生

1788　維堯姆（Jean Baptiste Vuillaume, 1788-1875）誕生

1789　法國大革命爆發

1790　圖特弓／維奧第弓出現

1791　艾蒂安・帕鳩（Etienne Pajeot , 1791-1849）誕生

1810　多米尼克・佩卡特（Dominique Peccatte, 1810-1874）誕生

1833　法朗梭・瓦朗（François Nicolas Voirin, 1833-1885）誕生

1835　詹姆士・塔布斯（James Tubbs, 1835-1921）誕生

1839　海因里希・克諾夫（Heinrich Knopf, 1839-1875）誕生

1847　查爾斯・巴尚二世（Charles N. Bazin II, 1847-1915）誕生

1850　拉米・佩雷（Lamy Père, 1850-1919）誕生

1857　赫曼・弗雷取奈（H. R. Pfretzschner , 1857-1921）誕生

1871　尤金・沙托里（Eugène Satory, 1871-1946）誕生

1880　希爾提琴公司製弓部門（W.E. Hill & Sons, 1880-1992）設立

Reference　　　　　　參考書目

Les Archet Francais. Étienne Vatelot. Sernor: M. Dufour. France 1976.

Bows and bow makers. William C. Retford. The Strad UK 1964.

How to select a bow for violin family instrument. Balthasar Planta. Embrach/ Zurich 1981.

The bow, its history, manufacture and use. Henry Saint-George. The Strad Library UK 1998.

A Treatise on the Fundamental Principles of Violin Playing. Leopold Mozart.Oxford University Press UK 1985.

The History of Violin Playing from its Origins to 1761: and Its Relationship to the Violin and Violin Music. David D. Boyden. Clarendon Paperbacks UK 1990.

The origins of bowing and the development of bowed instruments up to the thirteenth century. Werner Bachmann. Oxford University Press UK 1969.

Bow making: 1000 bows and a tribute. John Alfred Bolander. Vitali Import Co. USA 1982.

Violin bow rehair and repairHarry Sebastian Wake. Publishing USA 1997.

Information on bow instruments. William Hepworth/William Reeves. UK 1935.

Bow making–Passion of a life time Giovanni Lucchi. Foundation Lucchi.Italy 2013

Deutsche Bogenmacher: German Bow Makers. 1783-1945. Klaus Grünke, C. Hans-Karl Schmidt, Wolfgang Zunterer Eigenverlag der Autoren. Germany 2000.

The Strad. Orpheus Publication Ltd, SMG Magazines.UK.

Stowell 著，湯定九譯，小提琴指南，世界文物，台北，1996。

莊仲平，提琴的秘密，藝術家，台北，2008。

林肇富，大提琴的藝術，老古，台北，1994。

梁東源，現代音響科學，復漢，台北，1997。

陳藍谷，小提琴演奏統合技術，美樂，台北，2005。

日本林業技術學會著，余秋華譯，木的 100 個秘密，1999。

國家圖書館出版品預行編目（CIP）資料

琴弓的藝術 : 提琴收藏大師教你看懂琴弓
的價值= The art of solo strings violin
bow / 莊仲平, 鄭亞拿著. -- 三版. -- 新北
市 : 華滋出版 : 高談文化出版事業有限公
司發行, 2023.01　面 ；　公分. -- (What's
music)
ISBN 978-626-96936-0-3(平裝)
1.琴 2.工藝設計
471.8　　　　　　　　111020356

What's Music
琴弓的藝術：提琴收藏大師教你看懂琴弓的價值

作　　者：莊仲平、鄭亞拿
封面設計：黃聖文
總　　監：黃可家
總 編 輯：許汝紘
編　　輯：孫中文
美術編輯：曹雲淇
專案經理：黃耀輝
出版單位：華滋出版
發行公司：高談文化出版事業有限公司
地　　址：新北市蘆洲區民義街71巷12號1樓
電　　話：+886-2-7733-7668
官方網站：www.cultuspeak.com.tw
客服信箱：service@cultuspeak.com
投稿信箱：news@cultuspeak.com

總 經 銷：聯合發行股份有限公司
香港經銷商：香港聯合書刊物流有限公司

2023 年 1 月 三版
定價：新臺幣 520 元

會員獨享
最新書籍搶先看 ／ 專屬的預購優惠 ／ 不定期抽獎活動
Search　拾筆客　　　　www.cultuspeak.com

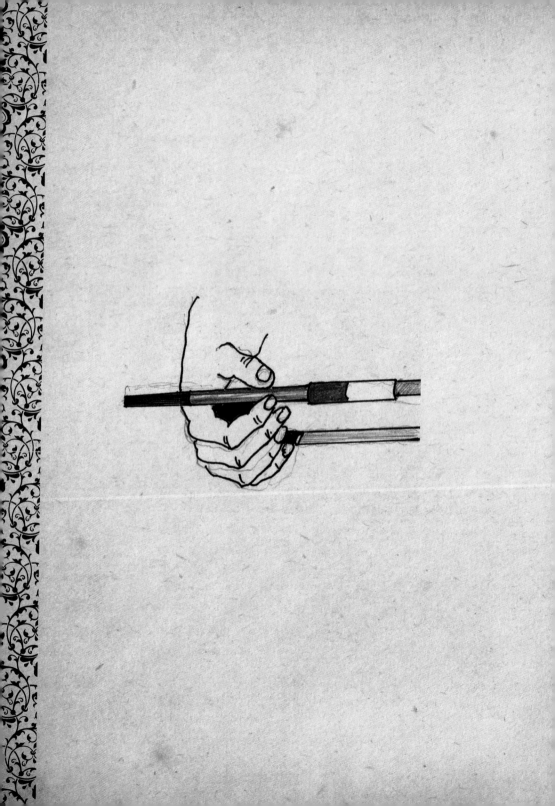

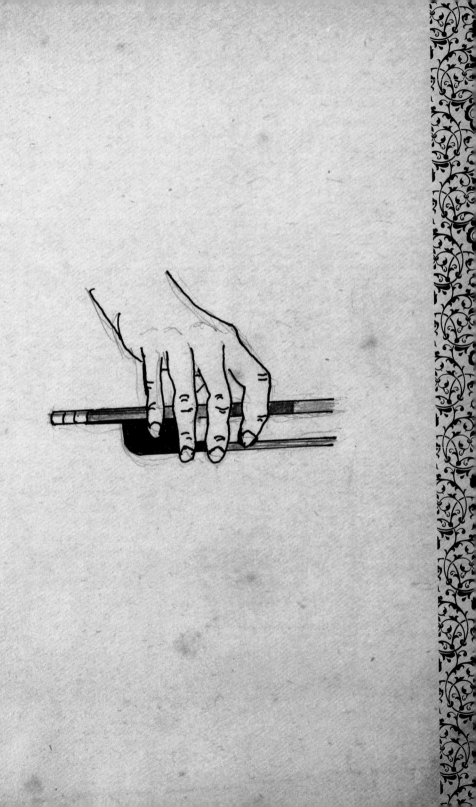

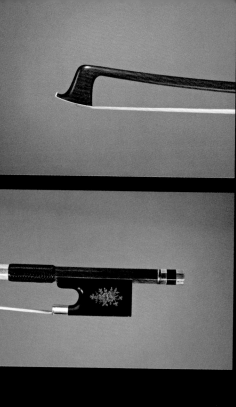

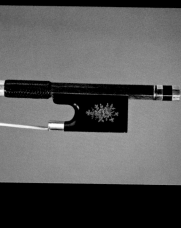

法朗梭·尼可拉·瓦朗（François Nicolas Voirin）1872 至 1875 年製小提琴弓。瓦朗弓挺直堅硬，弓桿修長，弓尖前端如羽般輕巧，陳瑞政提供。

尤金·沙托里（Eugène Sartory）189 年製小提琴弓。沙托里弓桿較粗，強而有力，尾庫厚實，甚具陽性化特徵，陳瑞政提供。

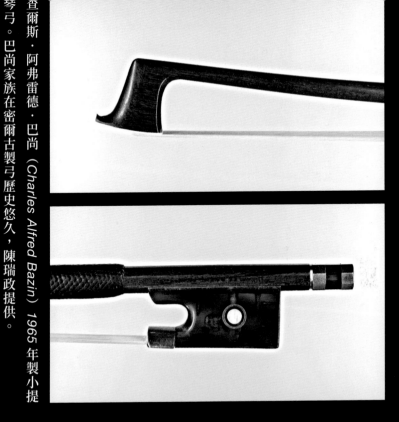

查爾斯·阿弗雷德·巴尚（Charles Alfred Bazin）1965 年製小提琴弓。巴尚家族在密爾古製弓歷史悠久，陳瑞政提供。

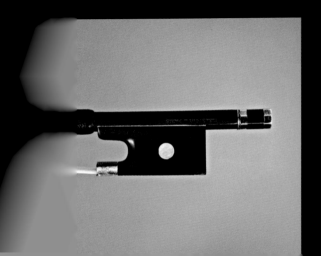